中国碳市场建设初探

——理论、国际经验与中国的选择

张　宁◎著

中央编译出版社
Central Compilation & Translation Press

图书在版编目(CIP)数据

中国碳市场建设初探：理论、国际经验与中国的选择/
张宁 著.—北京：中央编译出版社，2013.7

ISBN 978-7-5117-1700-9

Ⅰ.①中…

Ⅱ.①张…

Ⅲ.①二氧化碳-废气排放量-市场分析-中国

Ⅳ.①X510.6

中国版本图书馆 CIP 数据核字(2013)第 151727 号

中国碳市场建设初探：理论、国际经验与中国的选择

出 版 人	刘明清
出版统筹	薛晓源
责任编辑	陈　琼
责任印制	尹　珺
出版发行	中央编译出版社
地　　址	北京西城区车公庄大街乙 5 号鸿儒大厦 B 座（100044）
电　　话	(010)52612345（总编室）　(010)52612352（编辑室） (010)66161011（团购部）　(010)52612332（网络销售） (010)66130345（发行部）　(010)66509618（读者服务部）
网　　址	www.cctphome.com
经　　销	全国新华书店
印　　刷	北京瑞哲印刷厂
开　　本	787 毫米×1092 毫米　1/16
字　　数	210 千字
印　　张	14.5
版　　次	2013 年 7 月第 1 版第 1 次印刷
定　　价	58.00 元

本社常年法律顾问：北京市吴栾赵阎律师事务所律师　闫军　梁勤

凡有印装质量问题，本社负责调换，电话：010-66509618

目录 Contents

序　言　/1

第一章　气候变化——由问题上升为议题　/1

第二章　碳市场基础理论　/22

第一节　经济学原理　/22
第二节　气候政策工具　/36
第三节　碳市场的特征　/43

第三章　全球碳市场　/48

第一节　碳市场的缘起　/48
第二节　全球碳市场发展现状与特征　/52
第三节　全球主要碳市场　/59

第四章　欧盟排放交易体系　/69

第一节　概况　/69
第二节　欧盟排放交易体系的特征　/71
第三节　欧盟排放交易体系的评价与借鉴　/75
第四节　欧洲排放交易制度的先行实践　/88

第五章　美国、澳大利亚及日本的碳市场　/99

第一节　美国区域性排放交易体系　/99

第二节　美国西部气候行动倡议　/107
第三节　中西部温室气体减排协议　/111
第四节　加州总量控制与交易计划　114
第五节　美国区域排放交易体系的特点与借鉴　/120
第六节　澳大利亚新南威尔士温室气体减排体系　/128
第七节　日本温室气体减排体系　/132

第六章　中国碳市场发展现状　/139

第一节　概况　/139
第二节　中国碳市场存在的主要问题　/146
第三节　清洁发展机制在我国的实践　/155
第四节　我国碳市场发展趋势展望　/168

第七章　中国建设碳市场的必要性和约束条件分析　/173

第一节　建立碳市场的必要性　/173
第二节　建立碳市场的约束条件　/181

第八章　中国发展碳市场的对策建议　/187

第一节　发展碳市场的基本原则和目标　/189
第二节　碳市场体系的基本要素　/193
第三节　政策建议　/199

参考文献　/206

后　记　/217

序　言

气候变化问题作为全球十大环境问题之首，已成为当今世界最受瞩目的问题之一。近百年来全球气候正在经历一次以全球变暖为主要特征的显著变化，使人类生存和发展面临巨大考验。全球气候变化严重威胁着人类生存与社会经济可持续发展，使得气候变化已成为当今科学界、各国政府和社会公众共同关注的重大环境问题。全球气候变化所引发的一系列后果不仅对全球环境和生态产生重大影响，同时对人类社会的生产、消费和生产方式等产生深远影响。

自 2003 年英国率先提出“低碳经济”的概念后，低碳经济已逐渐成为世界经济的发展潮流，世界经济历经工业化、信息化之后，正在走向“低碳化”。低碳经济将成为国家和企业未来竞争力之所在。低碳经济是以减少温室气体排放为目标，构建一个低能耗、低污染为基础的经济发展体系，其主要内容是减少二氧化碳排放。目前世界各国都在致力于低碳产品的开发，减少碳排放，并建立了“碳交易市场”。如何以成本有效 (cost-effective) 的方式削减和控制温室气体排放，通过采取有效的气候减缓和适应方面的政策，减少气候变化对我国经济社会的不利影响，制定正确的国家战略，已经成为摆在我们面前的一项重要而紧迫的任务。如何以最低的成本来进行减排，除了政府宏观行政手段之外，市场在这个过程当中应当怎样发挥重要的基础性作用？预计到 2030 年，中国二氧化碳排放达到峰值，向低碳转化过程中会有一个比较好的、多赢的一个渠道。我国现行节能减排工作主要是通过上级政府对指标层层分解，对下级政府进行指标落实的监督，即自上而下地推进。一方面，这种模式的优点在于能够以行政力量有效地保障节能减排目标的执行力，能够在短时间内较好地达到指标落实的效果，使既定的目标成为可预期。因此现行节能减排的推进模式取得了明显的成效，可以肯定其对应对气候变化的促进作用。另一方面，这种模式也存在明显的缺陷和不足之处，主要表现是，政府主导的碳减排具有高成本和低效率的特点；政府主导的碳减排缺乏市场和配套服务的支持；传统的污染物排放总量限制政策对经济发展具有很大的限制作用。采取“自上而下”的方式推进温室气体减排工作成效是显著的，但这种模式缺乏可持续发展的能力。理想的推进模式应当是能充分调动各方力量投入节能减排之中的模式，即需要“自上而下”和“自下而上”(bottom-up approach) 相结合、相配合，自愿减排与强制减排相结合，政府、企业、公众相结合，行政力量和市场力量相结合，国内政策与国际政策相结合。

党中央在十八大报告中重申了“建设生态文明”的科学理念，进一步为我国可持续发展指明了一条全新的路径。生态文明建设，根本在于生产方式和生活方式转型，而要实现这一文明转型，就要切实在科学发展观引领下，探索建立有利于节约能源和保护环境的长效机制和政策措施，其中“低碳经济”将成为建设“生态文明”最有力的突破口。《中共中央关于制定国民经济和社会发展第十二个五年规划的建议》中引人注目的一段表述是“把大幅降低能源消耗强度和二氧化碳排放强度作为约束性指标，有效控制温室气体排放。强化节能目标责任考核，完善节能法规和标准，健全节能市场化机制和对企业的激励与约束，实施重点节能工程，推广先进节能技术和产品，加快推行合同能源管理，抓好工业、建筑、交通运输等重点领域节能。调整能源消费结构，增加非化石能源比重。提高森林覆盖率，增加蓄积量，增强固碳能力。加强适应气候变化特别是应对极端气候事件能力建设。建立完善温室气体排放和节能减排统计监测制度，加强气候变化科学研究，加快低碳技术研发和应用，逐步建立碳排放交易市场”。这是首次以中央文件的形式，对“碳排放交易”给出明确的实施时间。

在全球变暖的大环境下，我国也不能幸免，气候变化剧烈，影响了社会经济的发展。同时，国际社会的高度关注和一系列措施也很大程度地反映出这一问题的严重性。我国作为《京都议定书》的签字国，虽然目前并没有强制减排的义务，但是为了我国在京都第二阶段能顺利与国际市场接轨，实现低成本、高效率的碳排放权交易，减轻这一阶段的减排压力，迫切需要建立一个全国性的碳交易市场。中国政府高度重视气候变化问题，将应对气候变化作为经济社会发展的一项重大战略，并确定了积极应对气候变化的行动目标：到 2020 年，要在 2005 年基础上，单位 GDP 二氧化碳排放降低 40% 至 45%，非化石能源占一次能源比重达到 15%，同时还要增加森林碳汇。据公开数据，“十一五”期间，通过全社会努力，中国实现了单位 GDP 能耗下降 19.1%、节能 6.3 亿吨标准煤、减少二氧化碳排放 15 亿吨的目标责任。“十二五”期间，中国又确定了“单位 GDP 能耗下降 16%、碳强度下降 17%”的目标。为了实现“十二五”节能减排目标，我国正在转变发展方式、调整经济结构，除了继续采取一系列行之有效的政策措施之外，还要借鉴低碳经济发达国家经验，逐步建立碳排放交易市场，探索运用市场机制的办法来实现节能减碳。国家“十二五”规划纲要以及国务院关于加快培育和发展战略性新兴产业的决定提出要建立和完善污染物和碳排放权交易制度。进入“十二五”规划的第二年，中国按照国家发展战略，明确提出了在“十二五”期间，中国将开始进行碳交易市场的试点，这无疑是一个正确的选择。

2011 年 10 月 10 日，国务院下发的《国务院关于加快培育和发展战略性新兴产业的决定》(以下称《决定》) 中提到，要建立和完善主要污染物和碳排放交易制度。2011 年 10 月 21 日，在发改委发布的“《决定》解读”上再次提到，为贯彻和落实《决定》的部署和要求，应建立和完善主要污染物和碳排放交易制度。这是中国首次在官方正式文件中提及“碳交易”。2011 年 11 月 11 日发布的《气候变化绿皮书》指出，“十二五”规划明确提出了“建立完善温室气体排放统计核算制度，逐步建立碳排放交易市场”、“增加森林碳汇”的举措，这是中国政府首次在国家级正式文件中提出建立中国国内碳市场，表明碳交易市场建设已经进入政府工作程序。根据规划，中国将全面构建国内碳市场，并将大力扶植节能减排产业的发展。现阶段，在地方或行业层面已经开展的主要工作包括：①构建国内自愿减排体系；②开展五省八市的低碳试点工作；③建立中国绿色碳汇基金会；④企业和机构自发的碳中和行动。

碳市场的产生与1997年签订的《京都议定书》密不可分。《京都议定书》为包括欧洲32国、俄罗斯、日本、澳大利亚、新西兰、加拿大、美国(后退出)在内的38个发达国家或经济转轨国家(即附件I国家)设置了2008—2012年(第一承诺期)的温室气体排放上限。这一具有法律约束力的国际协议使温室气体排放权利成为一种稀缺资源，具备了商品的价值以及交易的可能性。为帮助附件I国家完成减排任务，《京都议定书》设计了国际排放贸易机制(IET)、联合履约(JI)和清洁发展机制(CDM)三种灵活履约机制，也称碳交易机制。其中，IET是发达国家之间以贸易方式转让减排指标，JI是附件I国家之间以项目合作方式转让所实现的“排放减排单位”，CDM则是发达国家在发展中国家投资减排项目并购买项目所产生的“经核证减排量”。《京都议定书》设置的减排目标和三种灵活履约机制奠定了国际碳市场的基础，从而催生出以CO_2为主的排放权交易市场，即“碳市场”。2005年，《京都议定书》开始生效，欧盟排放交易体系(EU-ETS)的建立使碳市场同步启动，英、美、日、加等发达国家的碳交易机构和机制也相继建立。截至2010年，全球碳市场规模已达到1419亿美元。根据世界银行报告，2009年全球碳市场交易量总价值达1440亿美元。中国的碳交易以CDM(清洁发展机制)为主。2009年中国CDM交易额，约占国际CDM市场一半以上。在《联合国气候变化框架公约》特别是《京都议定书》推动下，以二氧化碳排放权为对象的碳交易市场近年来得到迅速发展。2010年全球碳排放权交易额达到1500亿美元。尽管哥本哈根及德班会议未能就第二承诺期碳减排进程达成任何具备法律约束力的文件，从而使后京都时代国际间CDM机制的前景充满不确定性，但专家认为，2012年后CDM机制应该不会结束，届时可能更换一种新的规则。全球范围的碳排放交易市场发展迅猛。中国在国际碳市场及碳价值链中处于低端位置。应提高对碳资源价值的认识，加强 CDM 供给的宏观调控，建立多层次碳交易市场，开展二氧化碳排放权衍生产品的金融创新和碳市场金融服务，积极参与国际碳市场交易，提高我国在国际碳排放交易中的地位和竞争力。 目前，国际碳交易主要有两种体系，一种是以欧盟排放交易体系为代表的总量控制和配额交易体系。这个体系有完善的国际和国内法律制度的约束，是国际碳交易的主要市场，欧盟碳交易体系行使了国际碳交易减少温室气体排放的主要功能。另一种是以芝加哥气候交易所为代表的自愿减排交易体系，该气候交易所基本面临终结。我国目前的碳交易体系是自愿交易体系，但随着全球气候变暖的加剧，我国碳市场的法律法规逐步建立和完善，碳交易会逐步由自愿减排交易体系向总量控制和配额交易体系过渡。欧盟排放权交易体系 (EU-ETS) 于 2005 年 4 月推出碳排放权期货、期权交易，碳交易被演绎为金融衍生品。2008 年 2 月，首个碳排放权全球交易平台 BLUENEXT 开始运行，该交易平台随后还推出了期货市场。其他主要碳交易市场包括英国的英国排放交易体系 (UKETS)、澳大利亚的澳大利亚国家信托 (NSW) 和美国的芝加哥气候交易所 (CCX) 也都实现了比较快速的扩张。加拿大、新加坡和东京也先后建立了二氧化碳排放权的交易机制。

我国承诺在 2020 年前将每单位 GDP 排放的二氧化碳较 2005 年减少 40%—45%。为了达到这一目标，政府表示，将在 2011—2015 年间把单位 GDP 的能源强度减少 16%，把碳强度减少 17%。“十二五”期间，北京、重庆、上海、天津、湖北和广东等省市将开展碳交易试点工作。但是，由于碳强度减排指标目前无法分解到各个省区，因此未来建立全国性碳交易市场工作尚未形成明确时间表。从目前的形势来看，要实现这一减排目标存在很大困难。原因是中央政策与地方的落实之间尚存在较大的差距，而且我国还面临着外贸结构的调整。以往我国的出口以原材料和高排放产品为主，未来的出口结构亟待调整，否则将在应对气候变化方面处于被动地位。

中国减排市场体系近年来得到了迅速发展。2008 年北京环境交易所、上海环境交易所、天津排放权交易所成立，中国迈出了构建国内碳交易市场体系的第一步。此后全国各地都掀起了成立环境交易所的热潮。2009 年以来，武汉、杭州、昆明、大连和安徽、贵州、河北、山西等省市相继建立环境交易所。北京、上海和天津的环境交易所均开展了自愿减排的碳交易机制探索：上海环境交易所打造了绿色世博自愿减排平台，北京环境交易所推出了中国低碳指数。2010 年 4 月 27 日，国内首个自愿碳减排交易平台——上海环境能源交易所网上交易平台正式开通，第一个月共成交 526 例。随着交易系统和交易机制的进一步完善，这一平台将具备与国际机构同等的碳交易技术能力。此外，从 2010 年起，国家已经明确将在广东、湖北、陕西、云南、辽宁五省和天津、重庆、深圳、厦门、杭州、南昌、贵阳、保定八市开展低碳省市试点工作，要求试点地区将应对气候变化工作全面纳入本地区“十二五”规划。绿皮书预计，低碳城市有望从局部自愿转为试点硬性考核，并最终将城市低碳化考核推向全国。尽管全国已经成立了 30 多家有关环境或节能减排的交易所，市场行动很迅速，但是政府层面的制度建设步伐还是太慢。中国现在已成为世界上最大的排放权供应国之一，却没有一个像欧美那样的国际碳交易市场，不利于争夺碳交易的定价权。中国处于整个碳交易产业链的最低端。由于碳交易的市场和标准都在国外，中国为全球碳市场创造的巨大减排量，被发达国家以低价购买后，包装、开发成价格更高的金融产品在国外进行交易。总体而言，我国的碳市场建设起步较晚，在市场开发、标准制定、交易平台、交易体系、市场监管等方面与国际成熟市场尚存在较大差距。

中国是全球第二大温室气体排放国，虽然没有减排约束，但中国被许多国家看做是最具潜力的减排市场。联合国开发计划署的统计显示，截止到 2008 年，中国的二氧化碳减排量已占到全球市场的 1/3 左右，预计到 2013 年，中国将占联合国发放全部排放指标的 41%。在中国，越来越多的企业正在积极参与碳交易。2005 年 10 月，中国最大的氟利昂制造公司山东省东岳化工集团与日本最大的钢铁公司新日铁和三菱商事合作，展开温室气体排放权交易业务。到 2012 年年底，这两家公司获得5500万吨二氧化碳当量的排放量，此项目涉及温室气体排放权的规模每年达到1000万吨，是当时全世界最大的温室气体排放项目。我国在节能减排方面面临着来自国内和国际两方面的巨大挑战和压力，任重而道远。加快中国的碳交易市场建设已成为我国第十二个五年规划中的重要内容，也是我国发展低碳经济，适应和减缓气候变化，实现可持续发展战略目标的有效途径，同时也是发达国家实践经验的历史经验总结。全球范围的碳排放交易市场发展迅猛。中国在国际碳市场及碳价值链中处于低端位置。应提高对碳资源价值的认识，加强CDM供给的宏观调控，建立多层次碳交易市场，开展二氧化碳排放权衍生产品的金融创新和碳市场金融服务，积极参与国际碳市场交易，提高我国在国际碳排放交易中的地位和竞争力。在气候变化成为国际热点问题的背景下，国际和国内碳排放权交易市场日益活跃，二氧化碳排放权成为新兴投资商品吸引了大量资本投资。中国拥有巨大的碳排放资源，碳交易将在中国具有广阔的市场前景。中国应提高对碳资源价值的认识，加强CDM供给的宏观调控，培育多层次碳交易市场体系，进行CO_2排放权衍生产品的金融创新和碳市场的金融服务，积极参与国际碳市场交易，从而改变中国在国际碳市场及其形成的价值链中的低端位置，逐步在国际碳交易市场上掌握主动权。

我国在“十二五”期间积极构探索建设碳交易市场、完善新气候政策，积极借鉴国际经验和做法的同时，要有一个清醒和全面的认识，不宜高估气候政策和碳市场的作用，毕竟应对气候变化，实现向低碳社会的全面转型，需要国内国际各种条件的支撑，才有可能顺利完成。在目前我国温室气体减排政策框架中，碳市场仅是一种辅助性工具，并不能成为我国整个减排政策的基石，不应对碳市场有过高的期望。标准和管制政策工具、财税工具等仍将是我国现阶段和中长期温室气体减排的“基础性”政策工具，同时这些政策工具仍有很大的改进和完善空间。

本书写作目的，在于梳理国内外关于低碳经济的基本理论，介绍和借鉴欧、美等国家和地区气候政策和碳市场的经验做法，为我国在“十二五”期间初步建设全国性规范高效的碳市场探索出一条行之有效的路子。全书包括八部分内容：第一章，分析我国发展碳排放交易市场的背景，包括全球气候变化状况及其对社会生产经济的影响，我国受气候变化的影响、国际社会和中国政府采取的应对行动及取得初步成效；第二章，介绍和梳理国内外关于气候变化、低碳经济以及碳交易市场的理论基础；第三章，介绍全球碳市场的发展现状及主要特征；第四章，介绍欧盟碳排放交易体系的实践及经验借鉴；第五章，介绍美国、澳大利亚、日本碳市场的发展现状；第六章，介绍我国目前碳市场发展状况及存在问题；第七章，分析我国建立碳市场的必要性、可行性和约束条件；第八章，在前文分析的基础上，考虑我国实际发展水平，结合我国碳市场发展现状，尝试提出“十二五”期间加快发展我国的碳交易市场的基本构想，制定出了循序渐进地建立我国的碳交易市场的框架和方式、方法，并提出了相应的政策建议。

第一章　气候变化——由问题上升为议题

气候变化是21世纪人类面对的最严重的挑战之一，也是当前国际社会关注的焦点议题。与以往人类面对的共同挑战如全球大瘟疫、法西斯主义、恐怖主义等相比，气候变化显得更加严重、更加紧迫，它直接关系到人类能否继续生存和发展下去，因而备受国际社会的关注。气候变化之所以受到高度关注，还有一个重要原因，就是应对它需要人类现行的科技创新体制、经济体制、政治体制、消费生活方式进行重大改变，需要人类对自己的思维方式、价值观念、行为方式进行重大调整。因此，应对气候变化是一个需要彻底变革的挑战，是一声催动人类“浴火重生”的行军号令。毫不夸张地说，鉴于气候变化，人类如要继续繁荣发展，就必须走向一种新的文明形式、文明阶段，即“走向一种生态文明”(大卫·格里芬，2007)。

一、关于气候变化的基本认知

1. 气候变化的定义

政府间气候变化专业委员会(Intergovernmental Panel on Climate Change，IPCC)将气候变化定义为“随时间过去因自然变化或人类活动而导致的任何气候变化”。

联合国气候变化框架公约组织(United Nations Framework Convention on Climate Change，UNFCCC)将气候变化定义为“人类活动直接或间接导致的气候变化，对地球大气层成分所造成的影响超出同期观察到的自然气候转变”。UNFCCC 所用的“气候变化”仅指人类活动导致温室气体变化所带来的影响。

世界气象组织 (World Meteorological Organization，WMO) 对气候变化的定义则是：“气候的平均状态或变量出现可统计到的显著变化，且持续一段较长的时期 (通常达 10 年或更长)，气候变化可能因自然界的内部过程，或外部力量所致，又或是在大气层的组成成分或土地使用方面经验持久的人为变化。”

本书所指的气候变化的含义，倾向于 UNFCCC 给出的定义，即由人类活动所导致的地球气候非正常转变，主要是气候变暖问题 (Climate Warming)，而不涉及自然原因导致的气候自然变化。

2. 气候变化的事实支撑

目前可见的较早研究地球气候变化问题的著书是法国人让 · 约瑟夫 · 傅立叶 1824 年发表的《地球及其表层空间温度概述》。1896 年 4 月，瑞典科学家阿累尼乌斯研究出了第一个计算二氧化碳对地球温度影响的理论模型，首次提出人类排放温室气体活动长期积累下去将会造成全球气温上升的观点。1909 年，他第一次使用了“温室效应” (greenhouse effect) 这个术语。之后，乔治卡伦德于 1938 年发表了《人为生成的二氧化碳及其对气温的影响》，提出当时地球温度已升高 1 华氏度，并预言 21 世纪地球温度将升高 2 华氏度。而罗杰雷维尔也指出，人类将会把亿万年来沉积在地下的有机碳在几个世纪时间内返还到大气层中去；查尔斯基林用 40 年的观测证实了这点，基林曲线从 1956 年的 315ppm 稳步上升到了 1997 年的 365ppm。20 世纪 80 年代以来，越来越多的分析和研究集中于此。而 1988 年成为有记录以来的最热年份，直接导致了美国参议院对气候问题举办听证，美国宇航局官员、著名气候学家詹姆斯汉森说：“温室效应的存在业已表明，此时它正改变着我们的气候。”

为了给全球的决策者提供充分、准确气候变化的科学证据，并对气候变化成因、潜在影响及可能的对策进行客观评估，1988 年 11 月世界

气象组织和联合国环境规划署共同成立了政府间气候变化专业委员会，即 IPCC。IPCC 的作用是在全面、客观、公开和透明基础上，对世界上有关气候变化的最好的科学、技术和社会经济信息进行评估，它汇集了全世界 130 多个国家的 2500 多名科学家开展全球气候变化科学评估活动，是全球公认的、最权威的气候问题科学鉴定组织。

IPCC 分别于 1990 年、1995 年、2001 年和 2007 年完成了 4 次全球气候变化科学评估报告，报告关于认为温室气体排放引起全球气候变暖的结论一次比一次肯定，呼吁各国采取措施尽快行动削减温室气体排放。IPCC 报告主要面向的是各国决策者，为气候变化国际谈判提供科学支撑，因此具有极强的政策指示性作用，成为国际社会应对气候变化的重要决策依据。2007 年发布的 IPCC 第 4 次评估报告，综合、系统、全面评估了气候变化的最新研究结果。尽管气候变化在科学上还存在许多不确定性，但 IPCC 第 4 次评估报告作为国际科学界和各国政府在气候变化科学认识方面形成的共识性文件，在各种场合被广泛引用，成为迄今为止一份影响力最大的关于气候变化问题的科学评估报告。该报告的主要结论包括：

(1) 已观测到的气候变化的事实及其经过：气候变暖已经是不争的事实，全球平均气温和海温升高、雪和冰大范围融化以及海平面上升等。

(2) 气候变化的成因：自工业革命以来人类活动使得大气中二氧化碳、甲烷和氧化亚氮等温室气体浓度明显增加，其中 20 世纪中叶以来观测到的大部分全球平均温度的升高，很可能 (90% 以上) 是由于观测到的人为排放的温室气体浓度增加导致的。

(3) 气候变化及其影响：可以预测，未来 100 年，全球地表温度可能会上升不超过 6℃，在此背景下，很可能出现一些突发事件或不可逆转的影响，包括极地部分冰盖进一步融化，造成几米的海平面上升，淹没或改变低洼地区海岸线分布，30% 的物种因变暖而进一步增大了灭绝的危险性。

(4) 减缓对策：现有的政策手段在激励相关决策者采取措施方面是

有效的，同时可以通过实施一套技术方案把温室气体稳定在某个水平上，这些技术已经成熟并且在今后几十年里很可能商业化。

(5) 温室气体减排费用和成本分析：如果我们的目标是在2050年把全球温室气体浓度稳定在710ppm (Part per Million，每百万单位气体体积)，则全球平均宏观经济代价是1%的GDP；如果把目标定在445ppm的水平，将付出5.5%的GDP的代价。能否减少全球变暖带来的负面影响，将在很大程度上取决于人类在今后二三十年中在削减温室气体排放方面的努力和投资。

3. 问题的根源在于温室气体排放

一般来说，温室效应 (greenhouse effect) 是认为导致全球气候变暖的原理成因。温室效应是一个自然发生的过程，起因是某些大气气体，主要是二氧化碳、水蒸气和甲烷等，可吸收地球表面发出的长波辐射，吸收地球表面及大气层内更多的热能，从而改变地球的能量平衡。假如没有温室效应，地球的平均温度将会是-18℃，而非目前的15℃。然而，自工业革命以来，人类不断地排放过多的温室气体，使大气层所吸收的热能大增，强化了正常的温室效应，即所谓的“强化”温室效应，可以说是人类活动带来的直接后果，导致了全球气候变暖。通常所说的温室气体包括6种，即二氧化碳、甲烷、氧化亚氮、氢氟碳化物、全氟化碳和六氟化硫，其中以二氧化碳为最主要的温室气体，在测算排放时，一般是通过全球变暖潜能 (global warming potential，GWP) 将其他温室气体换算为二氧化碳当量。在人类活动中，燃烧化石燃料、工业设施以及垦林拓荒的排放物均增加了大气层中二氧化碳的含量。目前大气层中多出的二氧化碳约65%是来自化石燃料燃烧的排放物，余下的35%是由砍伐森林及将草原、林地等森林生态系统转化为农业生态系统等活动产生的(森林等自然生态系统每单位面积可容纳的二氧化碳量比农业生态系统高出20至100倍)。到2007年，大气层中的二氧化碳平均浓度约为384ppm，较1832年的水平足足增加了100ppm。

目前的全球气候变化实质上是一场根源于地球大气层中二氧化碳浓

度非正常升高的“星球危机”，而应对气候变化的行动，就是世界各国、各领域围绕二氧化碳展开的一场“减碳大战”。

二、气候变化问题的复杂性

最初气候变化仅是以一般性环境问题的形式出现，似乎仅意味着温度、降水、海平面和生态系统的变化，然而最近30年气候变化问题从科学认知问题逐步上升为经济利益问题、政治意愿问题、社会公众参与集体行动问题，成为关乎全人类可持续发展的重大议题。气候变化问题的复杂性给人类带来的系统性、全方位的挑战，对人类现有生产方式、生活方式、消费方式、价值观、合作等方面都产生了强烈冲击。

1. 气候变化问题的科学属性

气候变化问题最初是以科学研究成果的形式出现。19世纪末“温室效应”概念首次提出后长达百年的历史中，科学家是气候变化问题的认识和参与主体，他们对气候变化进行了长期不懈的研究，积累了全球各地大量的、长期的科学观测资料和数据，为人类知识和应对气候变化奠定了科学基础。1988年政府间气候变化专业委员会(IPCC)的成立体现了从科学角度为应对气候变化提供最客观权威的评价和建议的全球共识与一致努力。IPCC能够分享2007年度诺贝尔和平奖的原因即是其近20年来基于准确、充分的科学依据先后4次发布评估报告，告诫世人全球气候变化的重要性以及目前气候变暖的主要原因是人类活动所致，并提出了阻止气候继续变暖的对策与方法。

气候变化问题经历了长期的科学争议，至今日尚未形成定论。2009年底哥本哈根世界气候大会前发生的“气候门”事件让部分科学家和媒体再次就气候变化的关键科学问题提出了质疑，甚至彻底否定IPCC第四次评估报告的核心结论，极端者甚至发出了“气候阴谋”的论调。

目前人们围绕气候变化的科学争论焦点主要集中在近百年气候观测事实证据的完备性、人类活动与自然因子作用的相对大小、气候模式预测和利用模式评估未来气候变化趋势的可靠性以及气候变化影响的严重程度等方面。这是因为在全球长期(百万甚至千万年)的预测维度上，关于气候变化的观测资料太少，很多科学结论只能通过实验室模拟获得，因此存在不确定性。

然而，众多国际研究机构发布的在不同地区、关于不同对象所得的观测数据已经“不约而同”地证实了近百年来全球气候变暖这一毋庸置疑的客观事实。气候变化怀疑论和阴谋论者将研究方法上的小概率不确定性放大并以此来质疑根本结论的科学性，这种态度和做法已经脱离科学争论的范畴，而是在对科学家们进行政治攻击。这也从侧面表明了气候变化已不只是科学问题，它的政治属性越来越重要且被人关注。当然，从根本上看，气候变化毕竟还是科学问题，应该从科学中寻找证据，用事实替代争论。退一步讲，仅从预警和风险防范角度出发，人类社会也应提前采取行动，以减缓和适应等手段应对气候变化带来的各种影响，而不能坐看以较小代价应对气候危机的时机丧失。

2. 气候变化问题的经济属性

气候变化问题日益受到高度重视，成为各国经济转型、增长方式转变、产业结构调整以及摆脱经济危机的重要推动因素和考量，从而催生了席卷全球的低碳经济浪潮，低碳革命也被人们称为人类第四次工业革命。

2006 年，世界银行前首席经济师尼古拉斯 · 斯特恩主持编写并发布了长达 700 页的《斯特恩报告》(Stern Review)，指出气候变化将会严重影响全球经济发展，是迄今为止规模最大、涉及范围最广的市场失灵现象。这是被《自然》杂志称为是世界上“第一份以美元为单位的全球变暖影响估价”。报告认为，如果人类按照目前模式继续发展下去，到 21 世纪末全球温度可能上升 2℃—3℃，将造成全球 GDP 下降 5%—10%，而贫穷国家甚至会下降超过 10%。在向低碳经济转变中、在保证社会能够适应已经无法避免的气候变化的过程中都有着复杂的政策挑战，只有采取国际集体行动，才能在所需规模上作出有实效的、有效率

的和公平的回应。

低碳经济概念，基本上可以认为是在气候变化问题国际制度框架，特别是《京都议定书》遭受空前挫折的形势下由英国率先提出的。2003 年 2 月 24 日英国首相布莱尔发表了题为《我们未来的能源——创建低碳经济》白皮书，宣布到 2050 年英国能源发展的总体目标是，从根本上把英国变成一个低碳经济国家。

在英国提出低碳经济之后，欧盟各国不同程度地给予了积极评价，并采取了相似的战略，从 2007 年 3 月通过的欧盟“一揽子”能源计划，到 2008 年 12 月通过的欧盟气候变化协定中的“一揽子”减排计划，其效果都将是带动欧盟经济向高能效、低排放和持续繁荣的方向转型。美国虽然被国际社会看做气候变化谈判的最大阻力，美国政府在承诺国家义务方面总是寻找各种理由为自己开脱，但在可再生能源发展、能源有效利用、技术创新和市场机制下温室气体排放贸易等方面，美国却毫不含糊。日本也提出要充分利用能源和环境方面的高新技术，引领全球，将日本打造成世界上第一个低碳社会。

时任总书记胡锦涛在 2008 年中共中央政治局第六次集体学习时发表讲话，表示“妥善应对气候变化，事关我国经济社会发展全局和人民群众切身利益，事关国家根本利益”。世界银行首席经济学家林毅夫也曾指出“经济危机下，中国扩张性财政政策的投向应该是环保领域，能够缓解气候变暖的领域”。在气候变化的命题背景下，绿色经济、循环经济和低碳经济被我国政府大力提倡，成为发展模式转型、产业结构调整的重点方向，相关产业如节能减排、新能源、环保、电动汽车等近几年也呈现出爆发式增长势头。

3. 气候变化问题的政治属性

一般来讲，市场中的单个经济体追逐的是短期利益，而非长期利益，因此需要政府（政治力量）的介入引导市场经济或应对气候变化。同时，由于大气温室气体及其排放空间是全球性公共产品，具有消费上的“非竞争性”和“非排他性”，因此，必须通过国际合作加以解决。

共同减排必然存在分歧，尤其是当排放权实际上与发展权挂钩时，各国关于温室气体排放权的限制、分配、合作和竞争，就演变成了全球利益之争——在发达国家和发展中国家这两大阵营中，不同利益基础和立场的国家进一步分化，逐步形成多个具有相对共同利益诉求的利益集团。同时各国政府也看到了支持应对气候变化所能带来的利益，例如解决国家的能源安全问题；借力应对气候变化，为国家带来新的经济增长点；改善国家经济结构，促进国家经济的可持续发展；提升国际影响力和国际地位。

在国际层面，应对气候变化逐渐成为改变国际政治与外交格局的重要元素。气候变化问题在20世纪80年代首次被列入国际政治议程。1992年和1997年，纲领性文件《联合国气候变化框架公约》（以下称《公约》）和《京都议定书》分别签订，构建起全球应对气候变化的国际制度框架，提出“到2050年要将大气中二氧化碳浓度控制在工业化之前水平的2倍以内”。《京都议定书》已于2012年底到期，全球各国开始着力构建新的制度框架，由于活动众多，2007年甚至被称为“气候变化年”，而2008年和2009年更是成为“后京都时代”的关键年。2009年12月于丹麦哥本哈根举行的UNFCCC缔约方第15次大会(COP15)，成为有史以来参与者最多、最广泛、最全面的国际制度协商与谈判会议。

在国内层面，各国逐渐认识到气候变化问题不仅是一个外交议题，而且可能影响到国内政治体系、经济发展和社会稳定。英国率先将气候问题纳入立法，于2008年年底生效的《气候变化法》是全球首部应对气候变化的专门性国内立法文件。其他国家也纷纷制订了国家应对气候变化方案或计划。我国于2007年6月发布了《中国应对气候变化国家方案》，是发展中国家的第一部应对气候变化国家方案。

4. 气候变化问题的伦理道德属性

(1) 公平和伦理问题

决定人们行为的因素除了经济利益动机外，还包括理想、价值观等因素。由于气候变化涉及不同国家间的责任义务分担，而且从温室气体排放到气候变化造成影响，有很长的时滞，因而涉及代内公平和代际公平问题。气候变化中涉及的道德伦理问题日益引起国际社会的高度重视。2004 年 12 月，《联合国气候变化框架公约》第 10 次缔约方会议在阿根廷首都布宜诺斯艾利斯召开，通过了《布宜诺斯艾利斯》宣言 (以下简称《宣言》)。《宣言》指出，由于四方面原因，气候变化政策制定过程中，必须考虑道德伦理问题：①只有在考虑道德伦理因素前提下，国际社会才能在气候变化应对中做到合乎伦理和公正；②在各种气候变化政策建议的科学和经济争议中，隐藏着深刻的道德伦理问题；③为克服目前阻碍国际气候谈判的各种障碍，有必要采用公平的气候变化政策途径；④基于道德伦理的全球气候变化共识，可避免贫富差距进一步扩大，降低由于气候变化引发的粮食和水资源短缺。《宣言》同时指出，人们各种活动导致的温室气体排放，正在影响和威胁着世界其他地区的个人、动植物和生态系统。人人都应承认并履行其在防止气候变化所损害方面的共同但有区别的责任，承担公平的责任份额，采取措施避免可预见的破坏。一些国家对待气候变化的现有途径在伦理上站不住脚，有些国家对待气候变化的途径不符合维护普遍人权和责任的国际条约。该《宣言》中列出了气候变化问题涉及的 8 个重要道德伦理问题，即：

①破坏责任的承担。道德伦理上，应该由谁对气候变化的后果负责，即谁应该承担预防、应对气候变化的成本和未能避免的破坏？

②政策目标。应该用哪些伦理原则指导具体气候变化政策目标选择，包括但不限于人类活动所引起的变暖的上限和大气中温室气体浓度稳定目标？

③温室气体减排义务的分摊。为避免造成超出伦理上可接受范围的气候变化影响，在针对不同个人、组织和各级政府分摊责任的过程中，应该遵循哪些道德原则？

④科学上的不确定性。面对科学上的不确定性，进行气候变化决策的伦理意义何在？

⑤给各国经济带来的成本。一些国家迟迟不肯行动或竭力少采取行动，理由是减排给本国经济带来成本，这种说法在伦理上是否正当？

⑥采取行动的独立责任。一些国家迟迟不肯行动或竭力少采取行动，理由是只有在其他国家也同意采取行动的前提下，本国才需行动，这种说法在伦理上是否正当？

⑦潜在技术进步和发明。有人说将来可能会发明出新的、成本较低的技术，我们应该尽可能少采取气候变化行动，等待新技术的出现，这种说法在伦理上是否正当？

⑧程序公平。为了确保气候变化决策中的公平代表性，应遵循哪些程序公平原则？

(2) 气候变化基本伦理问题分析

这些问题提出以后国际上不少机构进行了研究，其中一项由来自多个国家的 16 个研究机构共同参与的课题，对这些问题逐一进行了考察，得出一些基本结论。

①破坏成本承担

迄今为止的大气中温室气体浓度上升，主要是由发达国家自工业革命以来排放的温室气体造成的，因此发达国家对最近的地球升温负主要责任。

②国家间气候变化减缓责任分担

不同国家对全球温室气体浓度增加的影响，从总排放量、人均排放量以及温室气体的排放时间看，差异很大。在《公约》下，一些国家提出了具体的温室气体排放权“公平”分配原则，IPCC 将其归类为：

GDP 排放强度法，要求按照各个国家的 GDP 分配，各个国家的排放权限与其 GDP 成正比。

人均分配法，理由是所有人一律平等，每个人对于大气层这种人类公共财产享有平等权利，许多发展中国家建议采用这种分配方法。

现状分配法，少数发达国家认为应当将各国目前的排放水平认定为排放权限。如果需要减排，则要求所有国家按同样减排幅度减排。理由是那些先占用自然资源的人，有权根据其过去利用水平继续利用。

混合法，建议在分配规则中，融入人均考虑、相同百分比减排、现状和历史责任等因素。

此外，一些学者对温室气体排放权分配提出了一些其他原则，其中包括：

污染者付费和比例原则，即按照每个国家的历史排放量，分配对气候变化所造成的破坏的原则。

基本需要满足原则，即将有限的温室气体排放空间，优先用于满足基本需要。

可比负担原则，即使每个国家在温室气体减排方面的负担（成本）占 GDP 的比例相等。

支付能力原则，即富国对温室气体减排的支付能力较高，因此在温室气体减排上应该比穷国承担更多责任。

罗尔斯公平原则，即分配结果不能是最穷的国家境遇更差。

③面对不确定性的气候变化决策问题

《公约》中规定，面对气候变化科学上的不确定性，应遵循预防原则。各国一致认为，以存在科学上不确定性为由拒绝采取行动减排温室气体，在伦理上站不住脚，理由如下：人为造成的气候变化会给人们的生命、自由和人身安全以及环境带来巨大的潜在不利影响；最贫穷的国家遭受的影响尤为深重；潜在灾难性气候异常的影响，要比建立在气候变化平稳、线性反应假设基础上推算出来的影响严重得多；即使承认对气候变化影响的时间或量级的不确定性，关于气候变化问题的科学认识中很大一部分已经是毋庸置疑的事实；有些人已经在遭受气候变化带来的破坏；很有可能在科学上的所有不确定性得到消除以前，气候系统就会发生不可逆转的严重破坏；各国越晚采取行动，就越难将温室气体稳定在不给人类、动植物和生态系统带来危险破坏的水平上。

④减缓气候变化的行动会给本国带来成本

以减排给本国带来的经济成本过高或其他国家未采取行动为借口，拒不进行温室气体减排的做法，实际上就是忽视本国的排放对其他国家造成的损害。这种说法在伦理上存在问题：减排责任来自权利理论、分

配公平原则，而不是取决于污染者的成本。

⑤程序公平，即如何确保气候变化决策中所有各方的公平参与

联合国有关公平问题的基本原则

《联合国宪章》中规定，所有国家不分大小一律平等。联合国的宗旨中，包括为解决国际经济、社会、文化或人道主义问题，促进和鼓励尊重人权和所有人的基本自由，实现国际合作；协调各国在实现这些共同目标中的行动。

《里约宣言》中规定的原则

1992 年在里约热内卢召开的联合国环境与发展大会，认识到地球自然环境的整体性和相互依存性，发表了《里约环境与发展宣言》(亦称《地球宪章》)，规定了 27 条原则，其中对于解决环境问题的最主要的原则有：

尊重各国主权。各国依据《联合国宪章》和国际法原则，享有根据其环境和发展政策利用自己资源的独立主权，有责任确保其管辖区或控制范围内的活动不给其他国家或地区造成破坏。

维护代际公平。发展权的实现必须公平地满足当代人和后代的发展与环境需要。

共同但有区别的责任。各国应本着全球合作伙伴精神，保持、保护和恢复地球生态系统的健康和完整。

损害补偿原则。各国应制订有关对污染的受害者和其他环境损害负责和赔偿的国家法律。

预防原则。为了保护环境，各国应根据其能力广泛采取预防性措施。

污染者付费原则。国家当局考虑到造成污染者在原则上应当承担污染治理成本并适当考虑公共利益而不打乱国际贸易和投资，应努力倡导环境费用内部化和使用经济手段。

国际合作解决环境问题。处理跨国界的或全球的环境问题的措施，应该尽可能建立在国际一致的基础上。

《联合国气候变化框架公约》中规定的原则

《公约》为各国履行公约和采取各种应对气候变化的行动，规定了

3 条原则：

a. 共同但有区别的责任的原则。各缔约方应当在公平的基础上，并根据其共同但有区别的原则和各自能力，为人类当代和后代的利益保护气候系统。因此，发达国家缔约方应当率先应对气候变化及其不利影响。

b. 充分考虑发展中国家缔约方的具体需要和特殊情况原则。充分考虑发展中国家缔约方的具体需要和特殊情况，也应当充分考虑那些按《公约》必须承担不成比例或不正常负担的缔约方，特别是发展中国家缔约方的具体需要和特殊情况。

c. 预防原则。各国应当采取预防措施，预测、防止或尽量减少引起气候变化的原因，并缓解其不利影响。当存在造成严重或不可逆转的损害威胁时，不应以科学上缺乏完全准确性为由推迟采取这类措施，同时考虑到应对气候变化的政策和措施应当讲求经济有效性，确保以尽可能低的成本换取全球整体利益。

三、国际社会应对气候变化的集体行动

气候变化作为全球环境问题的典型代表，于 20 世纪 80 年代末期登上国际社会的舞台。以 IPCC 的科学评价活动为背景，气候变化问题被列为影响自然环境、威胁人类生存基础的重大问题，国际社会开始通过政治谈判寻求解决对策。为有效应对气候变化问题，国际社会开始尝试通过国际协作的形式加以应对。

1979 年第一次世界气候大会上，气候变化问题首次作为一个引起国际社会关注的问题提上议事日程。对全球气候逐步深入的认识和大气中二氧化碳浓度不断增加的事实使得联合国环境规划署和世界气象组织于 1988 年建立了政府间气候变化专门委员会，即 IPCC。1990 年，该组织发表了第一份气候变化评估报告，这份报告提供了气候变化的科学依据。以这份报告为基础，联合国大会于 1990 年建立了政府间谈判委员会，开始进行气候变化框架公约的谈判。

表 1—1　IPCC 提出的全球气候变化治理途径

行业	目前商业上可提供的关键减缓技术和做法	预计2030年前能实现的关键减缓技术和做法
能源供应	改进供应和配送效率；燃料转换；煤改气；核电；可再生热和电；热电联产；尽早利用CCS	碳捕获和储存(CCS)用于燃气、生物质或燃煤发电设施；先进的核电、先进的可再生能源。
交通运输	节约燃料的机动车；混合动力车；清洁柴油；生物燃料；土地使用和交通运输规划	第二代生物燃料；高效飞行器；先进的电动车、混合动力车等。
建筑业	高效照明和日光；高效电器和加热；清洁装置；改进炊事炉灶，改进隔热；被动式和主动式太阳能供热和供冷设计等	商用建筑的一体化设计，包括技术，诸如提供反馈和控制的智能仪表；太阳能PV一体化建筑
工业	高效终端使用电工设备；热、电回收材料的利用和替代；控制二氧化碳气体排放；各种大量流程类技术。	先进的能效；CCS用于水泥、氨和铁的生产；惰性电极用于铝的生产
农业	改进作物用地和放牧用地管理，增加土壤碳储存；恢复耕作泥炭土壤和退化土地；改进水稻种植技术和粪便管理等	提高作物产量
林业	植树造林；还林、森林管理、减少毁林；木材产品收获管理；使用林产品获取生物能，以便替代化石燃料的使用	改进树种，增加生物质产量和碳的固化；改进遥感技术，用以分析植被或土壤的碳封存潜力，并制作土地使用变化图

资料来源：IPCC 官方网站。

通过多方努力，1992 年在巴西里约热内卢举行的联合国环境与发展大会上，154 个国家以及欧洲共同体的代表签署了 UNFCCC，即《联合国气候变化框架公约》，这是第一个全面控制二氧化碳等温室气体排放以应对气候变化给人类经济和社会带来的不利影响的国际公约，从而奠定了世界各国应对气候变化紧密合作的国际制度基础。《公约》确定的“最终目标”是“将大气中温室气体的浓度稳定在防止气候系统受到危险的人为干扰的水平上”。这一水平应当在足以使生态系统能够自然地适应气候变化、确保粮食生产免受威胁并使经济发展能够可持续地进

行的时间范围内实现。《公约》于 1994 年 3 月正式生效后，几乎已得到各国政府的普遍批准，截至 2004 年 5 月，已有 189 个国家和区域一体化组织成为 UNFCCC 缔约方。《公约》的签署具有重大的象征意义和里程碑意义。《公约》里确定的很多原则和机制为各国间开展合作奠定了基础，开启了全球范围内共同应对气候变化的大门。《公约》尤其考虑到发达国家的责任和发展中国家的现实需求，对发展中国家参与国际气候变化合作奠定了基础。

1997 年 12 月 11 日，根据公平原则以及“共同但有区别的责任”原则，《公约》第 3 次缔约方大会在日本京都召开，包括中国在内的 149 个国家和地区的代表通过了旨在限制发达国家温室气体排放以抑制全球变暖的《京都议定书》，具体确定了各国在应对气候变化中的减排责任。《京都议定书》的宗旨是通过国际社会的密切合作，降低大气中的温室气体含量，以保护环境。它的通过使世界各国在减缓气候变化的进程中迈出了关键性一步。2005 年 2 月 16 日《京都议定书》正式生效，它被公认是国际环境变化的里程碑，具有重大意义。

由于温室气体排放“不可逆点”的存在，人类社会在 2050 年以前，还有不到 40 年时间可以通过各种手段减少温室气体排放。自 UNFCCC 的 COP1 以来，国际社会已经为控制温室气体排放作出了不同程度的努力，部分国家或地区碳排放情况和减排目标如下表所示。

表 1—2　部分国家或地区碳排放情况

国家或地区	2006年排放状况	《京都议定书国家目标》(2008—2012)	2012年以后中期目标(2020年)	2012年以后长期目标(2050年)
欧盟	-4.6%	-8%	减排20%	比1990年减排70%
法国	-9.4%	0	—	减排75%
德国	-19.3%	-21%	减排40%	—
英国	-15.6%	-12.5%	比1990年减排30%	比1990年减排80%
挪威	-28.7%	1%	2020年减排30%	2030年实现碳中和
冰岛	9.8%	10%	—	减排60%实现碳中和

续表

国家或地区	2006年排放状况	《京都议定书国家目标》(2008—2012)	2012年以后中期目标(2020年)	2012年以后长期目标(2050年)
加拿大	54.8%	-6%	比2006年减排20%	比2006年减排70%
日本	5.8%	-6%	比2005年降低15%	比2006年减排70%
新西兰	33.0%	0	—	2040年能源部门实现碳中和
澳大利亚	6.6%	8%	比2000年减排15%	比2000年减排60%
美国	14.0%	-7%	比2005年减排17%	比2005年减排80%
墨西哥	—	—	—	比2005年减排50%
韩国	—	—	2009年为2012年设定排放上限	—
哥斯达黎加	—	—	2021年实现碳中和	—
南非	—	—	2025年达到排放峰值	—

资料来源：UNFCCC1990—2006 年期间国家温室气体清单数据。

以上国家或地区 2012 年后的碳排放中长期目标表明，世界碳排放控制势不可当，碳减排是大势所趋，因此全球的碳排放权交易将在中长期内保持增长态势，前景广阔。

表 1—3　国际气候谈判进程

年份	公约缔约会议(COP)	地点	谈判成果
1995	COP1	柏林	《柏林授权》
1996	COP2	日内瓦	《日内瓦宣言》
1997	COP3	京都	《京都议定书》
1998	COP4	布宜诺斯艾利斯	《布宜诺斯艾利斯行动计划》
1999	COP5	波恩	未取得重要进展
2000	COP6	海牙	未取得重要进展
2001	COP7	波恩(续会)	《波恩政治协议》
2001	COP7	马拉喀什	《马拉喀什协定》

续表

年份	公约缔约会议(COP)	地点	谈判成果
2002	COP8	新德里	《德里宣言》
2003	COP9	米兰	通过造林再造林模式和程序
2004	COP10	布宜诺斯艾利斯	通过简化小规模造林再造林模式和程序
2005	COP11	蒙特利尔	通过启动《京都议定书》第二承诺期谈判重要议题
2006	COP12	内罗毕	主要议题为2012年之后如何进一步降低温室气体排放
2007	COP13	巴厘岛	巴厘岛路线图
2008	COP14	波兹南	落实巴厘岛行动计划
2009	COP15	哥本哈根	哥本哈根协议
2010	COP16	坎昆	坎昆协议
2011	COP17	德班	启动了全球绿色基金

资料来源：根据 www.unfccc.com 网站资料整理。

四、气候变化问题与中国的应对

中国应对气候变化的政策体系可分为三部分：积极推动和参与相关国际公约；制定专门的国内气候政策法律法规和其他国内政策；国内减排具体行动。

表 1—4　2020 年我国大陆二氧化碳排放量预测

年份	二氧化碳排放量(万吨)	吨二氧化碳/万元GDP
2005	536590	2.90
2008	667657	2.13
2015	994730	1.87
2020	1099790	1.41

资料来源：2005 年和 2008 年数据为国际能源署公布数据，2015 年和 2020 年为推算数据。

1. 积极推动和参加相关国际公约

国际层面上主要有《联合国气候变化框架公约》和《京都议定书》两大国际公约作为支柱。其中《联合国气候变化框架公约》是世界上第一个全面控制二氧化碳等温室气体排放，减缓和适应全球气候变化的国际性公约，也是国际社会在应对全球气候变化问题上进行合作的一个基本框架。该公约于1994年3月21日正式生效。1997年底，公约第3次缔约方大会通过了《京都议定书》，明确规定了各国的温室气体减排责任，并提出了帮助发达国家完成减排目标的三种灵活机制。《京都议定书》于2005年2月16日开始生效，在人类历史上首次以具有法律约束力的国际协定的形式限制温室气体排放。中国政府于1998年5月签署并于2002年8月核准了《京都议定书》，之后积极参与议定书中唯一与发展中国家有关的灵活履约机制——清洁发展机制(CDM)的实施，于2005年10月12日出台了修订后的《清洁发展机制项目运行管理办法》，促进和规范CDM项目的开发和交易活动。

2. 制定专门的国内气候政策法律法规和其他国内政策

现实约束决定了我国的气候变化政策不能像西方发达国家那样以温室气体减排为核心，而是要在促进可持续发展的向低碳经济转型的框架内积极考虑应对气候变化。因此，在具体的政策措施和行动层面，以落实和强化可持续发展的相关举措为主，包括节能减排、低碳和可再生能源政策、产业结构调整政策、植树造林政策、计划生育政策等等。

2007年6月，中国政府公布了《中国应对气候变化国家方案》，明确了到2010年中国应对气候变化的具体目标、基本原则、重点领域及政策措施，提出我国的气候政策坚持可持续发展框架、“共同但有区别的责任”原则以及减缓和适应并重。同年，我国政府成立了由时任总理温家宝任组长的“国家应对气候变化领导小组”。

2008年10月，国务院发布了《中国应对气候变化政策与行动白皮书》，全面介绍了气候变化对我国的影响、中国减缓和适应气候变化的

政策与行动以及对此进行的体制机制建设。

2009 年 8 月，全国人大常委会听取并审议了国务院《关于应对气候变化工作情况的报告》之后通过了《关于积极应对气候变化的决议》，其中专门提及要加强应对气候变化的法制建设并提高全社会应对气候变化的参与意识。

2009 年以来，中国在应对气候变化方面连续推出了很多引人注目的重大举措。在 2009 年 11 月 25 日，为推动哥本哈根世界气候大会达成协议，中国政府向国际社会作出了无条件、自愿减排温室气体的郑重承诺，到 2020 年全国单位国内生产总值二氧化碳排放比 2005 年下降 40%—45%，并将此作为约束性指标纳入“十二五”规划及其后的国民经济和社会发展中长期规划，并制定相应的国内统计、监测考核办法加以落实。

2010 年 2 月，时任总书记胡锦涛强调，应对气候变化是我国经济社会发展的重大战略，是加快经济发展方式转变和调整经济结构的重大机遇，要进一步做好应对气候变化的各项工作，确保 2020 年我国控制温室气体排放行动的目标。

2010 年 5 月，时任总理温家宝强调，确保实现“十一五”节能减排目标是落实科学发展观、转变经济发展方式的紧迫任务，是我国应对全球气候变化的实际行动。无论面临多大的困难，我们的承诺不能改变，决心不能动摇，工作不能减弱，要采取“铁的手腕”淘汰落后产能。

2010 年 8 月，国家发改委正式公布全国五省八市开展低碳省 (市) 试点，要求试点省 (市) 将应对气候变化工作纳入当地“十二五”规划，明确提出控制温室气体排放的行动目标、重点任务和具体措施，研究运用市场机制推动实现减排目标。

2010 年 9 月，国务院公布《关于加快培育和发展战略性新兴产业的决定》，首次提及要建立和完善主要污染物和碳排放交易制度。

2010 年 10 月，中国政府在天津承办了联合国气候会议，努力推动在 12 月份的坎昆会议上取得积极的成果。

2010 年 10 月 28 日，中共中央关于“十二五”规划的建议明确提出，积极应对气候变化，把大幅度降低能源消耗强度和碳排放强度作为约束性指标，逐步建立碳排放交易市场。

3. 国内减排具体行动

中国“十一五”规划期间完成了单位国内生产总值能耗降低20%左右、可再生能源比重提高到10%左右、森林覆盖率达到20%等实质性减排目标。

2007年关停小火电机组1438万千瓦，淘汰落后炼铁产能4659万吨、落后炼钢产能3747万吨、落后水泥产能5200万吨，关闭了2000多家不符合产业政策、污染严重的造纸企业和一批污染严重的化工、印染企业，累计关闭各类小煤矿1.12万处。①

2008年，继续加大淘汰落后产能力度，对经济欠发达地区淘汰落后产能，中央财政共安排62亿元资金用于支持企业职工安置、转产等。

2009年上半年“上大压小”，关停小火电机组1989万千瓦，累计已淘汰小火电5407万千瓦，提前一年完成“十一五”规划关停5000万的目标②。2008年以来，仅火电“上大压小”就相当于减少二氧化碳排放0.5亿吨。“十一五”规划的五年期间，全国累计关停小火电机组估算可达7200万千瓦，全国规模以上电厂供电标准煤耗降至340克/千瓦时，较2005年累计下降30克/千瓦时。③

2010年4月6日，中国政府网公布了《国务院关于进一步加强淘汰落后产能工作的通知》，明确在电力、煤炭、钢铁、水泥、有色金属、焦炭、造纸、制革、印染等行业淘汰落后产能的目标。

在清洁能源方面，中国大力发展核电、水电、风力发电、太阳能光伏等新能源及可再生能源电力。从2007年至2010年3月，中国核

---

① 《关于2007年国民经济和社会发展计划执行情况与2008年国民经济和社会发展计划草案的报告》，新华社，2008年3月20日。

② 《我国提前一年半完成“十一五”关停小火电任务》，新华社，2009年7月30日。

③ 《“十一五”期间全国关停小火电机组将达到7200千瓦时》，人民网，2010年11月3日。

电、水电以及其他清洁发电的占比从19.7%上升到23%，上升了3.3个百分点。

2008年中国政府出台的4万亿元经济刺激计划中，有2100亿元投资于节能、减少污染和改善生态，另有3700亿元用于技术改造和调整能源密集型的工业结构。在“十一五”的五年当中，为实现单位国内生产总值能耗降低20%的节能目标，中央投入节能环保工程的资金超过2000亿元，这些投入只占全国节能环保总投资的10%—15%，带动了节能环保总投资约2万亿元。中国政府不惜以降低GDP增速为代价来实现节能减排。“十一五”节能减排任务完成后，全国就能实现节能6亿多吨标准煤，相当于少排放二氧化碳15亿吨以上。[①]

① 《国家发改委副主任解振华纵论气候变化谈判与中国节能减排》，新华网，2010年10月8日。

第二章　碳市场基础理论

排放权交易的概念在学术界已提出多年，是当前备受关注的气候环境经济政策工具之一。它最早是由加拿大多伦多大学的 Dales 于 1968 年在《污染、财产与价格》(Pollution，Property and Prices) 一书中提出，并于 1976 年首先被美国国家环保局 (EPA) 用于大气污染源及河流污染源管理。《京都议定书》所定义的二氧化碳排放权市场，就是排放权交易制度在应对气候变化领域中的一项重要应用。

第一节　经济学原理

从经济学角度看，气候环境问题实质上是外部性问题。所谓外部性 (Externality)，是指个人或企业的经济活动对他人造成了影响，而又没有将这些影响计入市场交易的成本和价格中。20 世纪 30 年代由庇古创立的旧福利经济学提出，外部性反映和描述的是私人成本与社会成本之间的差异。外部性分为正外部性和负外部性，分别指受外部影响的社会成员福利增加和利益受损的两种情形。一般而言，当正外部性存在时，市场上资源的供给少于需求；负外部济性则相反，供给大于需求。环境和气候问题通常是由负外部性导致的，例如“公共物品的悲剧”(哈代，1968 年)。环境和气候问题是典型的公共产品 (Public Goods) 或俱乐部产品。从经济学角度看，其与私人产品是相对应的一个概念。严格意义上的公共产品具有非竞争性和非排他性。所谓非竞争性，是指某人对公

共产品的消费不会影响别人同时消费该产品。所谓非排他性，是指某人在消费一种公共产品时，不能排除他人消费这种物品，或者排除的成本很高。环境和气候等的公共物品属性，使得资源得不到最优配置，市场机制出现“失灵”(market failure) 现象。

经济学对解决环境和气候外部性问题的研究主要有两个基本思路，即庇古税和科斯定理。前者强调通过国家征税的方式使私人成本等于社会成本，后者则强调通过产权界定的方式自愿协商明确损害责任。庇古认为，在面对环境外部性情况下，适当的矫正措施应当是对污染排放活动征收一定单位的税收。税率应当等于在最有效分配时最后一个污染单位引起的外部边际社会损害。通过开征这种排污税，企业将内部化其污染行业引起的外部性。企业在内部化其外部性后，必然采取符合自身利益的措施来最小化企业自身承担的成本，而企业在实现内部成本最小化的同时也最小化了社会成本。根据这种观点，合理的污染控制政策应当是通过税收方式给污染定价。科斯则提出了与庇古截然不同的思想，为后世排放交易机制的产生播下了种子。科斯的外部性研究对环境产权的发展具有重要意义。科斯认为，外部性之所以存在主要是因为产权界定不清楚，因此无法确定谁应该为外部性承担后果或者得到报酬。科斯第一定理指出，在交易费用为零的情况下，无论产权如何界定，都不会影响资源的配置效率。科斯第二定理又指出，在现实世界中由于交易费用为正，不同的产权界定在现实约束条件下所产生的交易费用不同，不同的产权界定会导致不同的资源配置效率。科斯第三定理则指出，产权如何界定，取决于在一定现实约束条件下各种产权界定方案所产生的相互性，避免较为严重的损害。因此，将产权赋予外部损害的制造者是可行的一种选择方案，只要产权明确，当事人之间可以通过自由协商达到资源的有效配置。无论谁拥有产权，都存在向社会最优点移动的趋势。科斯认为市场不仅可以在保持产权的价值中扮演实质性角色，而且在确保其得到最佳使用方面也可以发挥重要作用。

一、经济学理论基础

全球气温变暖使得减少二氧化碳等温室气体的排放变得十分必要，这一问题从经济学的角度看就是如何有效地校正负外部性。科斯定理提供了以市场机制来解决外部性问题的新思路，这是不同于以政府为主导的直接管制和征收庇古税来校正外部性的传统思路的。科斯定理在实践中要有效地发挥作用，必须建立在产权明晰、交易成本低以及权利初始分配合理的基础之上。因此，以科斯定理为主要理论依据建立起来的国际碳交易市场必须把上述三个问题解决妥善后，才能真正有效运作。气候政策理论基础是在2006年发表的“气候变化的经济学”，即著名的《斯特恩报告》(the Stern Review)，该报告是欧盟从发展低碳经济应对气候变化的战略高度采取应对气候变化的政策基础。《斯特恩报告》推定说，气候变化对策失败所产生的经济成本大约是全世界GDP的5%—20%。欧盟为了避免支付这一成本，决定采取积极的气候变化政策。发展低碳经济，适应和减缓气候变化，实现经济社会的可持续发展战略目标，政府政策是第一驱动力。在设计各种有效的气候变化政策工具时，既要充分利用市场机制，尽可能调动微观经济主体的积极性，也要弥补市场失灵。具体而言，关于气候变化政策工具的理论主要有以下三类：

1. 基于产权理论的政策工具

产权理论的观点认为在处理外部性问题时，市场失灵与产权紧密相连，效果最优化的实现依赖产权的分配与界定。碳交易是为促进全球温室气体减排、减少二氧化碳排放所采用的市场交易机制。碳排放权交易制度作为市场经济体制下最有效率的污染控制手段已在全世界范围内被广泛采用。基于产权理论的排污权交易有助于消除环境“公共物品”的负外部性，目前世界上最大的排污权交易项目就是2005年《京都议定书》实施之后的跨国间的碳排放交易，该协议也是历史上第一个给成员国分配强制性减排指标的文件。

2. 基于市场失灵理论的政策工具

传统的市场失灵理论认为，垄断、外部性和信息不对称的存在，使得市场难以完全解决资源配置的效率问题，无法实现资源配置效率最大化，从而出现市场失灵。为了实现资源配置效率的帕累托最优，就必须借助政府干预来完成。现代市场失灵理论认为，市场不能解决的社会公平和经济稳定问题也需要政府出面化解。政府干预经济领域的扩大，既说明政府在市场经济中的作用越来越重要，也对政府管理效率有了较高的要求。经济学理论以外部性和公共品性质来解释能源环境领域的市场失灵，经常采用的是政府管制、税收、补贴、碳基金等手段。政府管制就是政府通过制定严格的产品能耗效率标准逐步淘汰现存的高碳产品，并对进口贸易商品确定并认定其能耗标准；碳排放税就是政府针对二氧化碳排放所征收的税种；碳税通过对燃煤和石油下游的汽油、航空燃油、天然气等化石燃料产品，按其碳含量的比例征税来实现减少化石燃料消耗和二氧化碳排放，是目前普遍看好的政策工具之一，有望成为撬动经济增长模式转向低碳经济的杠杆；补贴又称为“反税收”工具，其作用与税收的负激励作用相反，是起到正向激励的效用，诸如对新能源技术研发给予补贴等等；碳基金则是通过设立基金来促进碳排放和促使开发商采用低碳技术。

3. 基于信息非对称、委托—代理理论的政策工具

此类政策工具是指为克服能源节约与碳减排方面的信息非对称和复杂的委托—代理问题，依据激励相容机制理论设计的政策工具，包括自愿协议、标签计划等具体措施，用以激励厂商和消费者主动减少“逆向选择”和“道德风险”。自愿协议主要指发达国家一些社会责任意识比较强烈的企业，通过自愿承诺减少碳排放或采用清洁生产技术，以实现减少政府管制的目的。标签计划、ISO14000 认证等均属于激励信息公开的政策工具。企业通过这些认证能够在社会上树立起自身“碳中性”和“碳生态足迹为零”的良好“低碳”形象。

二、排放权交易制度

所谓排放交易，是指在一定管辖区域内，确立合法的污染物的排放权利以及一定时限内的污染物排放总量，并允许这种权利像商品一样在污染物交易市场的参与者之间进行交易，以相互调剂排污总量，确保污染物实际排放不超过限定的排放总量并以成本效益最优的方式实现减排目标的市场减排机制。当前在发达国家，排放交易机制作为解决环境问题的市场机制，已经从单纯学术性研究变为政府气候政策的中心。

从遏制气候变暖角度看，碳交易表明一方向另一方购买温室气体排放资产，用以履行减缓气候变化的义务。从实体经济的角度看，碳交易是实体经济中的排放企业将其碳排放权根据各经济实体的减排成本不同进行交易；由于不同企业的排放量、减排成本不同，一些持有较多排放权的企业可以将多余的指标出售给排放权不足的企业。从虚拟经济的角度看，金融机构为了防范气候变化的不确定性带来的风险以及为了获得更多、更可持续的利润开发了一些基于碳排放权的保险产品、衍生产品及结构性产品，于是碳排放权逐渐成为一种金融工具，其价格越来越依赖于金融市场，这意味着金融资本介入碳排放权市场，使得碳排放权不再是简单的商品。从经济流动性的角度看，碳交易支付可以通过以下一种或几种方式：现金、等价物、债券、可转换债券、认股权证或实物交易如提供减排技术。从经济学角度看，碳交易遵循了科斯定理，即以二氧化碳为代表的温室气体需要治理，而温室气体则会给企业造成成本差异。日常商品交换可以看做是一种权利（产权）交换，那么温室气体排放权也可进行交换。由此，借助碳权交易便成为市场经济框架下解决污染问题最有效率的方式之一；同时，碳交易把气候变化这一科学问题、减少碳排放这一技术问题与可持续发展这一经济问题紧密结合起来，以市场机制来解决这个科学、技术、经济综合性问题。

排放权交易的基本原理并不难理解。由于不同企业所处国家、行业或应用技术、管理方式等的差异，其实现减排的成本是不同的。排放权交易鼓励减排成本低的企业超额减排，并将获得的减排信用或配额通过

交易的方式出售给减排成本高的企业，帮助减排成本高的企业实现减排目标，并降低实现环境目标的履约成本。碳交易中，合同的一方通过支付另一方获得温室气体减排额，买方可以将购得的减排额用于减缓温室效应从而实现其减排的目标。在6种被要求减排的温室气体中，二氧化碳 (CO_2) 为最大宗，所以这种交易以每吨二氧化碳当量 (tCO_2e) 为计算单位，所以通称为“碳交易”。其交易市场称为碳市场 (Carbon Market)。在碳市场的构成要素中，规则是最初的、也是最重要的核心要素。有的规则具有强制性，如《议定书》便是碳市场的最重要强制性规则之一，《议定书》规定了《公约》附件 I 国家 (发达国家和经济转型国家) 的量化减排指标；即在2008—2012年间其温室气体排放量在1990年的水平上平均削减5.2%。其他规则从《议定书》中衍生，如《议定书》规定欧盟的集体减排目标为到2012年，比1990年排放水平降低8%，欧盟从中再分配给各成员国，并于2005年设立了欧盟排放交易体系 (EU-ETS)，确立交易规则。

排放交易是一种激励手段，管理当局设定一个排放总量目标后将排放权以配额的方式发放给各企业，由于不同企业的二氧化碳减排成本不同，因而可以通过交易获得成本效率，即减排成本相对较低的设施超量达成目标，然后把多出来的配额出售赚取利润，而减排成本相对较高的厂商通过交易购买配额也可以降低其达标成本，最终结果实现整体减排成本的最小化。就环境效益而言，排放交易一般会确定一个总量管制目标，便于用量化的方式确定减排效果，因此易于确保达成管理当局设定的环境目标，而且排放交易相对于征税，比较容易管制除二氧化碳以外的其他温室气体。就经济及产业效益而言，一个运作良好且参与者众多的排放交易体系，可以确保整体减排成本最低，相当符合经济效益最优的原则。此外，碳交易可以自动适应通货膨胀，碳税则不能。

碳交易的主要问题是，碳价格波动较大，容易受到政策、配额发放、经济形势、能源价格、气候条件、技术水平等因素影响，很难准确预测，碳价的波动对企业经营管理水平和碳资产管理水平要求较高，而企业一般对碳管理比较陌生；另外，排放交易机制如果设计或运作不当，碳价的真实度和流动性不足，就不会体现效率优势。因此，政府管理部门一方面需要发挥调控职能保持碳价格的相对稳定，另一方面应尽可能合理、完善地设计排放交易制度，并维持它的有效运作。

三、科斯定理是形成碳交易市场的主要理论基础

二氧化碳等有害气体的排放问题在经济学中被称为负外部性问题，产生这些有害气体的主体虽然给周围的人带来了危害，但却没有支付任何补偿。由于产生有害气体的主要是生产企业，他们的目标往往是利润最大化，负外部性使他们的生产成本小于社会成本，所以这些企业选择生产的产量会大于社会最优产量，从而使产生的污染气体数量大于社会所能接收的最大数量，这就加速了温室效应的形成，对环境造成严重破坏。因此，解决问题的关键是如何校正负外部性，或者说，如何让产生有害气体的企业为过去无偿排放的有害气体付出应有的代价，从而提高这些企业生产成本，降低获得利润最大化时的产量，从而减少有害气体的排放。校正负外部性，过去主要依靠政府的力量，最主要的方法有两个：一是政府直接管制，比如规定企业的排污量，超过者将被罚款。这种方法的优点是力度大，实施速度快，缺点是一刀切，不管企业的排污能力大小，都要进行同一数量的排污，这使社会减少污染的总成本无法达到最低。二是征收庇古税，即企业可以选择任意排污量，但是每排出一单位的污染物，就要按照法律的规定交纳一定数量的税金。这种方法的优点是企业可以根据自己的排污成本自主选择污染量，如果单位排污成本小于污染税税率，则选择自主排污，如果单位排污成本大于污染税税率，则不选择排污。这一方面增加了企业的自主决策能力，另一方面使整个社会的排污总成本比直接管制情况下低。缺点是污染物的价格，即污染税税率是由政府制定的，所以很难准确反映排污权的稀缺程度，从而使得价格行使配置资源的能力受到限制。通过政府力量来校正负外部性的措施在实践中都存在着失败的可能性。这是因为政府想要达到的公共目标所涉及的是社会不同人或不同集团之间的利益分配，人们的各

种特殊利益之间往往是相互冲突的，所以并不存在根据公共利益进行选择的过程，而只存在特殊利益之间的“缔约”过程。就算政府能成为公共利益的代表来干预经济活动，也可能由于干预成本过高、干预效果不确定以及可能产生的寻租活动而致使干预失效。

在这种背景下，新制度经济学的创始人、经济学家科斯运用可交易的产权的概念，提出了著名的科斯定理组，为解决外部性问题带来了新的思路。科斯认为，只要把排污行为看成是一种可交易的权利，并将权利归属明确下来，那么，就可以通过在自由市场上交易这个权利而使得整个社会以最低的成本减少污染。因为排污成本低于排污权市场价格的企业将把权利出售给排污成本高于排污权价格的企业，从而在保持排污总量不变的情况下，排污成本高的企业会多制造污染物，而排污成本低的企业会少制造污染物，这对整个社会来说是具有经济效率的，因为减少污染的总成本下降至最低，而对于企业来说，交易带来的是双赢，双方都从中获得利益。科斯定理的新思路使得市场机制的作用外延至以前认为的市场所不能涉及的外部性领域，从理论上讲，这是一种飞跃。如果能在实践中得到很好地运用，那么将成为校正外部性的诸多方法中最好的一种，因为依靠市场收集信息是最快、最准确、最节约的，而信息的准确性是形成有效价格的最重要的因素，有效价格又保证了资源配置的最优。此外，市场可以促进企业开发最廉价、技术上最先进的方法来减少污染，这也使资源配置达到动态优化。

科斯第一定理认为，只要交易成本为零，那么最初的产权分配将不会影响资源的最优配置。也就是说，如果市场交易成本为零，权利的初始安排向新的安排转变不存在代价和阻力，那么，即使初始安排对于实现资源配置的帕累托最优来说是不合理的，市场机制也会无代价地改变这种安排，将资源配置到需要的领域和最有用的人手里。现实世界中，交易成本是不可能为零的，因此，科斯第一定理只是铺垫，证明科斯第二定理才是科斯的目的。科斯第二定理认为，当交易成本不为零而为正时，产权的初始界定会对经济效率产生影响。也就是说，当交易成本大于零时，产权的初始分配状态不能通过无成本的交易向最优状态转变，权利的调整只有在引起的产值增长大于调整时所支出的交易成本时才会发生，所以，最初的产权界定非常重要，直接关系到能否通过产权交易来实现资源配置最优。此外，科斯还提出了第三定理，认为在交易成本大于零的情况下，产权的清晰界定将有助于降低人们的交易成本，改进经济效率。科斯定理证明了市场交易在解决外部性问题中是可以很好地发挥作用的，但是，要实现产权的有效交易，必须具备三个前提条件：

第一，要有明晰的产权。这是保证交易能够实现的先决条件。能够在市场中交易的物品必须是私人物品，公共物品和共有资源是无法利用市场机制进行有效配置的，而成为私人物品的关键就是给予法定的产权。

第二，交易成本足够小。科斯第一定理证明了，只要交易成本为零，那么最初产权的法定分配是无关紧要的，因为双赢的交易一定能让产权最后的配置达到最优。问题是交易成本不可能为零，这样，要使有利可图的交易能够进行，必须使交易所带来的利益大于交易成本，所以，减少相关产权交易的成本是保证市场机制能够最大限度地发挥作用的前提。

第三，最初权利的多少和分配要适当。相关主体是否应该享有某项权利，以及权利多少的界定都决定了权利交易能否有效实施。在存在交易成本的前提下，权利的最初分配尤其重要，因为若权利分配不适当，而交易成本又高到阻止有效率的交易发生时，那么经济就不可能达到本来有可能达到的帕累托最优，所以，只有权利的初次分配是适当的，才可能使经济效率达到最高。

将这些条件具体应用到碳交易市场分析中，可以看出，要保证该市场有效率地运行，必须解决好以下问题。

第一，对全球来说每年可以接受的二氧化碳排放量是多少必须比较准确地确定下来。这个问题之所以重要，是因为这决定了市场中可交易的碳权利的总量。排放量的多少应当按照经济利益原则来进行测算。只要进行生产，就必然会产生有害气体，我们不能因为害怕污染就不进行生产，也不能为了获得高产量就不顾环境过度生产，应当找

到一个均衡点，使得我们既有产值，从而获得丰富的物质生活，也要保护环境和资源，使得经济发展是可持续的。从理论上讲，寻求这个均衡可以运用边际分析法来完成：每多生产一单位的产品，边际收益是该产品所带来的消费满足或投资收益，边际成本是所花费的稀缺资源，其中包括所破坏的环境资源。当边际收益等于边际成本时，社会总福利达到最大，均衡达到，此时的产量就是最优产量，而由这些产量形成的二氧化碳等有害气体的排放量就是可接受的适当的排放量，这个排放量决定的碳交易市场中的碳权利交易总量。在实践中，这是一个还未很好地被解决的问题。从《京都议定书》到“巴厘岛路线图”再到哥本哈根会议，主要议题都是确定二氧化碳排放总量，但是很难在各国达得共识，可见，有许多因素都在影响着人们从经济效率的角度来确定碳排放总量，比如政治因素、技术手段等，这些是在将来必须要好好探讨和解决的问题。

第二，碳排放量如何进行初次分配。《京都议定书》的决议是具备法律效力的，所分配的碳排放权是参与国进行碳排放权交易的基础。权利分配得是否合理就成为资源配置是否能达到最优的一个重要保证。根据“波斯纳定理”，权利应赋予那些最珍视它们的人，在碳排放权的问题上，最珍视这种权利的主体应当是那些排污成本相对高的国家或企业，所以理论上应把权利分配给这些国家或企业。但是在实践中，这是一个各国讨价还价的结果，所以不可能完全按照经济效率的原则来配置。因此这也是今后在碳排放权交易领域中必须解决的问题，虽然已经有一些经济学家对这个问题提出了研究模型，但最后如何评价和实施，还需要一个较长的过程来实践。

第三，如何减少碳排放权交易中的交易成本。科斯定理已经证明了，如果存在交易成本，那么对初次产权的安排就有要求，这增加了资源优化配置的难度，所以尽可能地减少交易成本会提高经济效率。实践中应当从制度安排、规程衔接等角度入手，尽量减少不同系统之间进行碳排放权交易的难度，从而降低交易成本；此外，还应当对产权进行清晰的界定以降低交易成本。当今国际碳交易市场存在着京都框架和非京都框架两种体系，它们之间的交易方式正在尝试进行衔接，这是一种降低交易成本的有益尝试，今后还应继续探索新的的途径。

四、碳税

1. 碳税的定义

碳税是以减少二氧化碳排放为目的的，针对化石燃料如石油、煤炭、天然气等，以其碳含量或碳排放量为基准所课征的一种税目。它源于庇古理论，基于“污染者付费”(Polluters Pay) 原则，通过向排放收费而使外部成本内部化，消除二氧化碳排放行为的外部型。

2. 碳税的原理

碳税是一种约束手段，对排放课税即是增加了排放的成本，相当于给产业释放出一个持续清晰的价格信号，促使排放设施根据税率自行调整财务规划，投资减排技术或设备。设计良好的碳税制度具有双重红利的效果：第一重红利即前面所说的减排，第二重红利则是政府通过碳税减少征收其他税目，如减征个人所得税、减轻中小企业税负等，达到“税收中性”，或将碳税收入用于支持减排技术研发、低碳产业发展或社会福利事业，成为政府长期稳定财政收入的来源。通常认为碳税的可操作性强，执行成本低，因为只对很少的经济体征税就能覆盖全国所有的化石燃料消费，且它的影响范围却可以波及全社会。

3. 碳税的优点及不足

碳税制度在设计及效果方面的优势常常通过与限量排放和交易制度 (Cap and Trading) 的对比展现出来，主要在于三方面，即：在制度设计和实施方面，碳税简单易行；征收碳税可增加政府收入，其用途也易于监管；征收碳税相对易于确定减排的社会成本。

碳税最大的问题是很难确定最为合理的税率，无法准确预测政策的

减排效果。税率太低不会带来实质性减排，税率太高则会对整个实体经济造成影响。而且，从产业界和一般公众的角度看，征税通常不是一个受人欢迎的事情，政策实施对象接受程度较低，甚至会引起反弹，从而不利于政策推行。另外，征税一般是国家行为，不易与国际接轨，但气候变化是一个全球性环境问题，需要各国政府相互协调、共同行动，有的还需要承担量化的减排指标，碳税政策很难满足这个要求。

关于碳税制度的争议主要在于建立征收碳税制度在实践上也面临着诸多困难，包括：政治阻力相对较大。一般而言，增加税收为政府和公众所反感；减排实体担心税收成本过重；能够实现的减排效果存在不确定性；关于免税机制的问题；碳税制度在与其他国家和地区的减排制度衔接时困难相对较大；在没有国际统一碳税机制的情况下，实施碳税制度的国家和地区的国际贸易竞争力会有受到削弱的风险。

4. 碳税的理论基础

从 20 世纪 90 年代起，挪威、瑞典、芬兰及丹麦等北欧国家即开始征收全国性碳税，取得了一些实践经验。可以看到，北欧国家征收碳税通常是与燃料税和能源税结合起来的，除了可以降低碳排放量外，还可以增强企业、居民的节能意识，广泛采用节能型产品、技术、工艺，促进能源结构优化，促进清洁能源的使用和消费比例的快速增长。而且从这些国家的实践中可以发现，他们的能源 / 环境税收政策多是财政改革的一部分，旨在减少征收个人所得税和降低政府财政赤字。

(1) 外部性理论

外部性理论是环境经济学的理论基础，碳税作为环境税的一种，其征收的理论基础与环境税是一致的。碳排放引起气候变暖，实质上也是福利经济学派所谓的外部性问题，这构成了碳税的理论基础。外部性经典的分类方式是将其分为正外部性 (外部经济) 和负外部性 (外部不经济) 两种。正外部性是指“某一经济主体的生产或消费使其他经济主体受益但没有得到后者补偿”，如自然保护区和流域上游的生态环境保护所产生的生态服务功能 (效益) 问题。负外部性是指“某一经济主体的生产或消费使其他经济主体受损但没有补偿后者”，如企业的环境污染和自然资源开发中造成的生态环境破坏问题。这些成本或效益由于没有在生产或经营活动中得到很好的表现，从而使得破坏生态环境者没有得到应有的惩罚，而保护生态环境者所产生的生态效益却被他人无偿享用，生态环境保护领域难以达到“帕累托最优”。

(2) 公共产品理论

美国经济学家萨缪尔森指出，“纯公共产品是指这样的产品，即每个人消费这种产品不会导致他人对该产品的消费的减少”。可以看出，纯粹公共产品的两个本质特征是非排他性和非竞争性。通常，这两个特征被用来作为判断公共产品和私人产品的基本标准。根据非排他性、竞争性这两个基本标准，通常将现实中的物品大致分为以下四个类别：

表 2—1　公共产品分类

	竞争性	非竞争性
排他性(或较低的排他成本)	私人产品：手表、衣服、食品等。	俱乐部产品(准公共产品)：电影院、图书馆等。
非排他性(较高的排他成本)	公共资源(准公共产品)：石油、煤炭、淡水、森林等。	纯公共产品：国防、新鲜空气、新闻等。

气候无疑是典型的公共产品，具有非排他性和非竞争性。因此，气候公共产品的提供，如果依靠市场来完成，势必存在普遍的“搭便车”(free-riding) 现象。由政府提供适宜的气候环境，可以弥补市场提供的不足。政府通过税收的形式，筹集收入，以生产或购买公共产品。

(3) 双重红利理论

双重红利理论是由 David W. Pearce 于 1991 年首先提出的。他认为环境收入可以用来减少现有税收的税率，如所得税或资本税的福利成本。集体解释为：第一种红利是实施环境税可以改善环境质量；第二种红利是将环境税带来的收入增加部分用以降低其他税率，可以带

来就业增加、投资增加或者使得经济更有效率。双重红利理论提出后，逐渐被很多经济学家所接受。他们认为环境税可以替代其他扭曲性税种。虽然多数经济学家都赞成环境税具有改善环境质量和减少税收超额负担的作用，但一些学者对该观点也提出了质疑，目前对双重红利理论仍然存在较大的争议。特别是20世纪90年代中后期，很多学者对“双重红利”理论进行了更全面和更深入的阐述，Goulder，Bovenberg，Parry及de Mooij等提出，在对非环境受益的解释上，目前主要有三种观点：一是弱式双重红利论，它是指用环境税收收入减少原有的扭曲性税收，减轻税收超额负担；二是强式双重红利论，即通过环境税改革可以实现环境收益以及现行税收制度效率的改进，以提高福利水平；三是就业双重红利论，这种观点是指相对于改革之前，环境税改革在提高环境质量的同时能够促进就业。目前，对环境税的强式双重红利论和就业双重红利论尚存在很大争议，至今尚为达成明确的结论。

(4) 污染者付费原则

污染者付费原则 (the principle of polluters pay) 形成于20世纪60年代末，其宗旨是解决污染者的环境责任问题，即环境外部成本该由谁来负担。其出发点是商品或劳务的价格应充分体现生产成本和耗用的资源(包括资源禀赋)，因此，污染所引起的外部成本，有必要使其内在化，即由污染者承担。排放者在获得自身利益的同时，增加了社会成本，故应为其自身的污染环境行为“埋单”。对二氧化碳的排放量征收碳税，符合污染者付费原则。1972年，经济合作与发展组织 (OECD) 环境委员会在“关于环境政策的国际经济方面的控制原则”中将“污染者付费原则”作为经济原则提出来 (EC Treaty，Article 174)。1974年又提出了关于执行该原则的建议。在这一原则的指导下，一些国家和地区相继实行了行政污染税或排污收费制度。1985年，OECD成员国发表《未来环境资源的宣言》，提出要在污染者付费原则上结合法律行政手段，更为有效地使用经济手段。污染者付费原则不仅仅适用于污染行为，对所有引起具有经济外部性的环境成本的行为，包括自然资源开采和使用、破坏生态行为等也同样适用。大量使用化石燃料向大气中排放二氧化碳的行为最终造成全球气候变暖。

第二节　气候政策工具

一、国际上的分类

目前国际上关于环境政策工具和手段的分类，有一种简单的两分法，即分为“命令控制型”和“经济工具类”。在实际运用中，环境政策涉及更加广泛的工具类型，根据干涉程度由低到高列出了一个较为全面的环境政策“政策包”。这里“干涉程度”的定义包括了两方面：一是外部机构(如政府)能够决定环境改善的层次、类型和方法的程度；二是外部机构能够对政策对象施加压力要求其改善环境绩效的程度，即强制力。另外一种三分法，即一种是中国等国家在环境控制上普遍使用的命令控制型手段(Command-and-Control Regulation)，另一种是基于总量控制的市场手段(排污权交易，Cap-and-Trade)，第三种是基于价格控制的税收手段或排污收费(Tax-or Price-Based Regimes)，后面两种在气候变化经济学上称为基于市场的激励手段。一般而言，针对不同的污染物，政策的选择取决于多种因素，应对气候变化，经济激励手段要比传统意义上的命令控制型手段更为成本有效(cost effective)。这是因为，各个排放主体温室气体减排的成本不同，政府不可能有完全的信息命令企业进行最优减排，最有效的经济配置就是让具有比较优势(能以较低成本减排)的企业承担绝大部分的减排量，而没有比较优势的企业则需要通过购买排放许可证的方式或者通过上缴更多环境税的方式，即通过市场来合理分配减排任务，提高效率。

表2—2 环境（气候）政策工具

类型	工具类型	特点	示例
教育、通知和道德劝说	教育、通知和道德劝说	纠正信息不足，建设应对能力，呼吁或改变价值观	教育培训 企业环境报告 社区知情权 污染数据清单 产品认证或贴标
自愿方法	单方面承诺	企业的自愿承诺、义务事业	责任关怀计划 德国1995年工业界应对气候变化宣言
	公共自愿计划	自愿采纳公共机构发起的标准、程度或目标等	欧盟生态管理审核体系 英国企业承诺运动 美国绿色照明计划
	协商协议	政府权威部门与企业订立协议,协议中约定目标、时间表以及违约处罚措施	荷兰基准契约 英国气候变化协议
经济工具	收费系统	通过向消费或生产收费使外部成本内部化	英国气候变化税 德国能源税
	交易机制	为排放权创造一个市场	总量控制与交易 基线与信用 京都机制 可交易绿色证书
	金融工具	为环境目标动员各种金融资源(如：贷款、基金、税收减免等)	英国对高能效设备的投资资本免税
	取消不当补贴	取消现有的对环境有害的活动或产品的补贴	取消煤炭生产补贴
命令与管制	框架标准	定性的、需要解释的绩效要求	BATNEEC ALARP
	绩效标准	定量的统一绩效要求	LCPD下的排放量限制
	技术标准	使用某一特定技术的统一要求	德国关于电厂烟气脱硫的立法

资料来源：Steve Sorrell, Interaction in EU Climate Policy, 2001。

每一种工具类型都有其优劣之处，因此，针对不同的环境问题和特定的技术、经济和政策形势，各种政策工具适用程度有所区别，而且每种工具的优势、劣势很大程度上取决于其细节设计。例如经济工具的优势在于成本有效性、激励创新和相对最小的信息需求，但是由于某些政治体制而言它们可能不太受欢迎，或者会造成不良的分配影响；同样的，它们也不太适合那些很难监测又无可用之代理的污染物排放，针对这种情况，自愿方法或框架管制的定点实施可能更加适用。

二、我国采用的政策工具

自20世纪50年代以来，世界环境问题的凸显促使世界各国寻找各种各样的政策工具，以应对全球气候变化的趋势。人们已设计出多种环境政策工具。环境政策经历了三代演变：第一代工具是强制性命令—控制，第二代工具是经济激励，第三代是自愿环境管制。在我国的环境治理的实践过程中，张坤民等人建立了包括命令—控制手段、经济刺激手段和公众参与或称自愿手段等多样化的环境政策工具组合，见下表所示。

表2—3　中国目前采用的气候政策工具与手段

命令-控制型手段	市场经济手段	自愿行动	公众参与
污染物排放浓度控制 污染物排放总量控制	征收排污费 超过标准处以罚款	环境标志 ISO14000环境管理体系	公布环境状况公报 公布环境状况公报
环境影响评价机制	二氧化硫排放费	清洁生产	公布河流重点断面水质
“三同时制度”	二氧化硫排放权交易	生态农业	公布大气环境质量指数
限期治理制度	二氧化碳排放权交易	生态示范区	公布企业环保业绩试点
排污许可证制度	对于节能产品的补贴	生态工业园	环境影响评价公众听证
污染物集中控制	生态补充费试点	环境保护非政府组织	加强社会公众环境教育
城市环境综合整治定量考核制度		环境模范城市环境优美乡镇环境友好企业	中华环保世纪行(舆论媒介监督)
环境行政督察		绿色GDP核算试点	

资料来源：张坤民等:《当代中国的环境政策：形成、特点与评价》，载《中国人口资源与环境》，2007 年第 2 期。

气候政策主要分为命令控制型、经济激励型和自愿参与型三种主要类型。命令控制型又称为直接管制型，主要是通过政府的行政命令及制定的法律法规对当事人的环境行为施加影响的政策，这种政策的动力源泉重要来自政府的行政权力。其主要表现形式是各种各样的环境标准，最常见的形式是污染物数量排放限制标准和技术标准两种形式。

经济激励型是通过市场力量以经济刺激的方式来影响当事人环境行为的政策，其动力源泉是当事人环境行为密切相关的经济利益。在经济利益的驱动下，这种政策能改变当事人的环境行为和相关费用及收益，使环境成本内部化，其主要表现形式包括排放税(费)、排污权交易、排放权贸易、补贴、押金—返还制度等。

公众参与型是指通过宣传、公告等形式，引导公众或组织自觉参与环境保护，是除了命令控制型和经济激励型以外的所有气候政策手段，包括环境信息公开、环境宣传教育、环境标志制度、考核与表彰等。

虽然应对气候变化的三类环境政策(命令控制型、经济激励型和公众参与型)都能实现政府的污染控制和碳减排目标，但不同环境政策在纠正外部经济效应的效果、达到政策目标的成本及政策实施的有效性等方面有明显的区别。

总体上讲，直接管制是一种传统的行政性的环境政策手段，以政府的行政命令为主导，本质上是一种强制管理调整方法。这种手段主要是通过政府的强制命令来减少污染，能够充分发挥政府的行政执行力，因此在解决环境污染问题、改善环境质量方面起到了显著的效果。可以说，命令控制型手段是各国在环境管理过程中运用最为广泛也是实行时间最长的手段，至今仍然在各国的环境保护中发挥着重要的作用。然而，随着环境管理手段和政策实践的发展，人们发现传统的命令控制型手段的行政成本太高，其达标成本大大地超过预期，无法实现污染控制成本的节省；缺乏适度的灵活性，效率低下；一些命令控制型政策限制了经济的发展等。由于这些原因，命令控制型手段已逐渐无法适应日益复杂的环境和经济形势，无法取得令人满意的效果。由于命令控制型的环境政策已经明显地显示出其局限性，目前在应对气候变化方面受学者关注更多的是基于经济激励的环境政策。在控制温室气体排放方面，碳税和碳排放权交易是最重要的两大政策工具。

三、总量限制和交易与碳税之间的争论

在当前应对气候变化的政策工具中，有两种温室气体的政策机制受到了国际社会的广泛关注，即碳税 (carbon tax) 和排放交易 (emission trading)，这两者的理论渊源分别来自比古理论和科斯定理。碳税 (以及所有的环境税) 是基于价格的政策工具，通过征税提高特定商品或服务的价格，以此来降低市场需求量，这被称为“价格效应”。排放交易 (或可交易的排放许可) 则通常被认为是基于数量的环境政策工具，它控制市场上可被允许排放的总量。尽管两者都是通过市场发挥作用的政策手段，但它们起作用的方式不同，碳税固定排放的边际成本而允许排放量调整，排放交易固定碳排放的总量但允许价格水平根据市场规律波动。在应用层面，关于这两者之间孰优孰劣、如何选择的争论成为近些年来各国国内和全球环境政策领域的一个热点话题。我国目前的气候政策制度以传统的行政管制为主，但关于碳税和排放交易的研究，日益受到重视。

表 2—4　碳税与碳交易的比较

评估标准	碳税	碳交易
减排目标确定性	减排目标不确定，难以确定减排效果	总量控制下可以明确减排目标并知道是否达标
成本有效性	具有成本效率，但信息完备时才可获得，因此信息成本高	具有成本效率，实施成本可能较高
技术创新	对企业投资开发减排技术具有稳定的刺激作用，碳税收入可以专向投入鼓励技术创新	具有刺激企业投资开发减排技术的作用，但碳价不稳可能削弱这种激励

续表

评估标准	碳税	碳交易
监管体系	单向、垂直、线式监管	网络式监管、多重监管
分配公平性	依赖于监管机构的征收范围和对碳税收入的支配	依赖于配额最初如何分配，以及监管机构如何支配有偿分配配额的收入
适应增长	会对产业增长造成影响，影响程度决定于税率的制定	内在机制能够适应新的增长
易被接受	政策实施对象接受程度较低	达标选择的灵活性减少了接受阻碍
适用范围	分散式、中小型排放源	大型、集中式排放源
促进金融化	不利于与金融市场结合	有利于金融化

资料来源：伦纳德 - 奥托兰诺:《环境管理与影响评价》，郭怀成译，化学工业出版社 2004 年版。

经济和公共政策学界的基本共识是放弃命令与控制 (command-and-control) 式的手段，通过基于市场 (market-based) 的政策，为温室气体排放定价，实现减排，并且在应对气候变化的同时通过提供技术创新激励以保护本国高能耗企业的 (国际) 竞争力。这一政策选项居于欧盟新气候政策整体框架的核心地位。在基于市场的政策选项中，限量排放与交易制度 (command-and-control) 和征收碳税 (carbon tax) 成为气候政策辩论的焦点。然而，对于控制排污量和排污权交易与控制价格的碳税而言，哪一种手段更适合温室气体的减排，则是学术界争论的焦点问题。不同于碳税，温室气体排放交易实行的是定额制度，其最大优点是可以确切地知道这样做下去，就能实现减排目标。然而，我们并不知道这类担保的成本究竟有多大。针对限量排放与交易制度实际效能的争议不绝于耳，其中既有对制度可行性的质疑，也有对制度具体设计和操作方式的考量，这些争议主要集中在以下几个方面。

1. 限量排放与交易制度覆盖面广，其效用存在较大的不确定性。

2. 排放权的价格管理机制远非完善，交易价格的可预测性与波动性难以控制，市场不易保持稳定。鉴于影响价格的因素众多，在一些设计方案中包含了“安全阀”(safety valve)的建议，即为单位排放权的交易价格设定一个上限和底线，以维护市场的稳定，并促进相关领域的投资。

3. 生产成本增加，消费者负担加重。

4. 排放权的分配机制设计是决定限量排放与交易制度成功与否的第一步。一种意见认为，采取部分或全部拍卖的方式，政府可望获得丰厚的收入，可以将其用于降低个人或工商企业等的收入税，从而减少实施该制度的总成本。另一种意见主张免费发放排放权。这种发放方式所依据的是所谓“祖父”(grandfathering)程序，即着眼于排放实体的历史生产水平或排放水平，而非当前排放水平。

5. 关于该制度对企业国际竞争力的影响问题。辩论主要集中在两个方面：一是实施该制度导致所谓的碳外流(碳泄露)(carbon leakage)问题，即本国或本地企业将生产转移到没有实行类似限排制度的国家或地区，以规避因减排而导致的成本上升；二是某些行业是否以及如何纳入该制度的问题。

从经济学角度和实施效果分析，限量排放和交易制度与碳税制度在许多方面具有共同之处。作为气候政策的最重要选项，二者之间并无高下优劣之分，关键在于是否适用于特定的政策目标以及如何设计并应用。就其原理而言，两种政策选项都是以市场为基础，都具有为某一原先没有价格的商品设定价格。所以，二者都创造出了特定的稀缺性。在限量排放与交易制度中，由政府或管理者设定了排放水平(quantity)，让市场决定排放权的价格。而在碳税制度中，由政府或管理者预先设定碳价(price)，而由市场决定排放水平总量。二者之间的关键性差异是，在限量排放与交易制度中，价格直接由市场决定。排放许可权的供需状况决定价格，价格会随时间波动。在美国酸雨项目中，排放许可权的价格长期徘徊在80—200美元/吨。在欧盟排放交易体系的第一阶段中，二氧化碳排放许可权的价格也曾经历剧烈起伏。2006年4月19日，价格为32欧元/吨，至5月3日曾跌至12欧元/吨。该制度的特征之一就是决策者不对排放

权价格进行直接干预，在设定排放限量之后，主要由市场确定企业等实体将要面对的最终价格。经过长期的辩论，两种政策选项在诸多方面呈现趋同之势。

根据魏茨曼 (Weitzman，1974 年) 的观点，只要构成严重气候损害的阈值不清楚，预计关于价格和数量控制的辩论就不会停止。因此，有人建议采用结合碳税和温室气体排放交易的“混合机制” (Pizer，1997，1999)。尽管大多数的政策辩论集中在限量排放与交易制度上，但是，税收制度也具有强大的潜力。雷恩李曾建议布什政府实行碳税制度，以减少接受《京都议定书》原则的政治压力。碳税是能源税的一种表现形式。征收碳税就是对所有的石油、煤炭和天然气等使用化石燃料的产品课税。碳税的税率根据二氧化碳排放的边际成本决定。调整碳税水平的基本原则是，如果不能达到预期的减排量，就调高税率；如果出现实际减排量超过预期的“过度矫正”的情形，则降低税率。征收碳税也是以市场为基础控制二氧化碳排放量的政策选项。征收碳税的做法可以溯源至“庇古税”。经济学家庇古认为，环境污染具有负外部性 (negative externality)，为克服这种外部性，需要对产品进行征税，以准确体现产品生产的社会成本。

总之，气候政策辩论的初步结论是，摈弃行政命令模式，以市场为基础进行政策设计。由此，限量排放和交易制度与征收碳税制度成为包括欧盟在内的各国气候政策选项的两大备选项。最终趋势是在辩论中逐步或将走向融合。

第三节　碳市场的特征

一、碳市场的一般特征

碳市场作为一个近年来涌现出来的新兴市场，存在诸多复杂特征和复杂现象，主要表现在以下几个方面：

1. 碳市场复杂特性的首要特点，是其强烈的政策依赖性

碳市场本身来自于国际气候谈判，其产生并非社会的自发需求，这是它与石油等商品期货市场的根本区别。碳市场未来发展前景受后京都时代不确定性的影响极大。目前对于后京都时代的国家减排框架仍然未能达成实质性协议，这给未来的国际碳市场发展前景带来了很大的不确定性。

2. 碳市场的复杂性还在于它并非一个简单的线性系统，其建立与人类应对气候变化行动密切相关

在《京都议定书》的大背景下，碳排放权成为一种可以交易的商品，但其商品属性与石油、天然气等大宗商品以及股票等金融衍生市场有着本质的区别。从实际运行状况来看，碳市场受到一系列复杂因素的影响，特别是受到碳配额分配制度的影响。另外，诸多复杂因素叠加在一起，也造成碳价格的波动，对于碳市场而言，各种影响是动态变化的，其非线性特征十分明显。

3. 碳市场的复杂性，还在于与外界错综复杂的联系上

从目前研究来看，碳价格的波动不但受到排放政策的影响，还会受到其他商品市场的影响。其中，对碳市场影响最大的是能源市场，包括石油、天然气、煤炭和电力价格。另外，冬季的气温会影响供暖，进而影响大型二氧化碳排放源的排放量，从而导致碳配额的需求发生变动，进而会引起碳价格的波动。

4. 碳市场的复杂性还表现在碳价格与减排效果息息相关

减排成本的出现可能会引起电价等能源价格上涨。随着碳交易体系的试点和建设不断取得进展，越来越多的企业进入市场。如果市场新入者是发电等碳密集行业，随着碳价上升而带来的成本上扬，将在一定程度上阻碍该行业科技进步，引发该行业低效率的额外投资，并长期造成电力等能源价格的上涨。

5. 随着碳市场机制的演化，其复杂性会进一步增大

EU-ETS 第一阶段被看做是一个“试验阶段”(pilot phase)，第二阶段则是正式运行阶段。第一阶段的运行结果表明，免费的配额分配不一定公平，而是会给某些企业带来“意外的高额收益”(windfall profit)，这在一定程度上违背了政策设计的初衷。另外，对于市场参与者而言，并非碳价越高越好。如果碳价高于欧盟所制定的罚款及相关处罚所带来的损失，企业宁可不减排也不愿意在碳市场上购买排放权而接受罚款，因为这样的成本更低，无法达到减排效果，碳市场也就失去了存在的价值。

6. 从市场机制来看，碳市场与常规市场存在明显的区别，见下表

表 2—5　碳市场与常规市场比较

比较角度	碳市场	常规市场
商品来源	排放权外源性，即排放权来自于主管部门分配(一般是政府)	流通商品的自发性需求
商品供给	供给量外生性，即供给来自许可证所代表的排放配额	供给市场化
整体目标	全局成本最小化，即减排成本和运行成本最小化	利润最大化
激励机制	排放权具有条件性福利特性，企业要在碳市场上获利，降低减排损失，改进的方向就是削减排放量，出售多余配额，这是一种主管方指明获利方向的政策导向可获得性福利	获利方向无市场整体政策导向，市场参与者自主决策
获利趋势	利润与市场份额异向性，即获利与市场份额走势并不相同	份额越大，往往获利越多

本表系笔者根据下述资料汇编而成：①欧盟统计局；②国际货币基金组织；③世界银行官方网站的有关信息。

二、碳交易价格形成机制的一般规律

碳交易市场也是市场经济发展的一种高级阶段，碳排放权交易的价格也遵循市场价格的一般规律，即碳排放权供给和需求的平衡决定碳交易价格。一定时期，或者预期的碳排放量增加，则碳排放权的供给下降，碳排放权的需求将增加，供给下降和需求增加的结果将导致碳交易价格上升；而碳排放量减少，则碳排放权的供给增加，对碳排放权的需求也随之下降，供给增加和需求下降的结果将导致碳交易价格下降。因此，从市场经济的一般规律可以得出一个简单的结论：碳交易价格与受管制的碳排放量成正相关的关系；受管制的碳排放量增加，则碳交易价格上升；受管制的碳排放量下降，则碳交易价格下跌。

但碳排放权又是一种特殊的商品，碳排放量与能源行业含碳能源使用的情况有很强的相关性，碳排放权的稀缺程度又受到政策性因素的影响，因此，影响碳交易价格的因素也比较复杂，可以分别从短期因素、长期因素以及政治与制度等方面的因素出发，分析碳交易价格的影响因素。

1. 影响碳排放交易价格的短期因素

(1) 能源行业含碳燃料的相对价格

能源行业使用含碳燃料较多，是碳排放大户。发电可以采用的化石燃料包括石油、天然气、煤等。通常情况下，生产同样的电力产品，采用煤作为发电原料的碳排放量最高，石油其次，天然气发电的碳排放量最低。煤、石油、天然气等相对价格的变化导致二氧化碳排放量的增减，影响着排放权价格。伴随着石油、天然气价格的上涨，对煤的需求量也随之上升，导致二氧化碳的增加，整个社会的排放量增加，对排放权的需求高涨。

(2) 天气变化

酷暑、暖冬、干旱、严寒等天气对排放权价格也会造成影响。例如，欧洲 2003 年冬天的寒冷超乎想象，暖气电力的需求高涨，能源部门的排放量比 2002 年增加 2%，来自家庭和服务部门的排放量增加近 3%，推动

了排放权价格的上扬。同时，因为2005年整个欧洲雨量的减少，引发了水力发电的发电量的减少，排放权价格高涨。今后，太阳能等自然能源将被广泛利用，日照时间和雨量等的数据对排放权价格也会造成影响。

(3) 市场投机与热钱等金融因素

碳排放权不仅是作为一个弥补排放差额的商品，而且具有金融衍生品的基本属性，随着排放权交易市场规模的扩大，除了真正需要排放权的企业和团体外，以资产为目的的资金流入变得多起来，市场流动性的增加是碳市场得以发展和繁荣的必要条件之一，大量投机资金的进出，在短期内有使碳排放权价格产生较大波动的能力。

2. 影响碳交易价格的长期因素

(1) 地区及世界经济的总体形势及其对能源的需求

当经济繁荣时，各种产品生产和交易都很活跃，对能源的需求也较大，因此碳排放量自然较多，而经济下滑，对能源的需求也会减少，碳排放量自然会减少，所以对碳排放权的需求也会降低，比如2008年金融危机爆发后，碳市场的交易价格在很长一段时期内处于低位运行状态，一个很重要的因素就是经济衰退对碳排放权的需求大大降低了。

(2) 科技进步及替代能源技术的发展

由于科技的推动作用，核能发电和太阳能光伏技术日益普及，电动汽车和高效能的工厂设备开始进入市场，各种可再生能源技术的发展和市场化程度逐步提高，这些都在一定程度上降低了对碳排放权的需求，需求下降交易价格自然下跌。

3. 影响碳交易价格的政治与制度因素

碳市场一个重要属性，也是与一般市场相区别之处，在于它是一个政策驱动型市场，国内、国际政治和体制设计及博弈对其影响尤为突出。例如，国际气候制度建设谈判的形势决定着未来碳市场的规模和走向，一些国家绿党的上台，会加强对碳排放的管制，碳排放权将变得更加稀缺，这些因素都将影响这碳交易价格。

第三章　全球碳市场

碳交易最初只是实现温室气体减排的一种市场途径，但 2000 年以来的迅速发展已经使人们对其潜力重新认识。特别是自 2005 年《京都议定书》正式生效后，全球碳交易市场出现了爆炸式的增长。碳交易量从 2006 年的 16 亿吨跃升到 2007 年的 27 亿吨，上升 68.75%。成交额的增长更为迅速，2007 年全球碳交易市场价值达 400 亿欧元，比 2006 年的 220 亿欧元上升了 81.8%，2008 年上半年全球碳交易市场总值甚至就与 2007 年全年持平。经过多年发展，碳交易市场渐趋成熟，参与国地理范围不断扩展、市场结构向多层次深化、交易产品创新和财务复杂度也不可同日而语。据联合国和世界银行统计资料，全球碳交易在 2008 年至 2012 年间，市场规模每年平均约为 600 亿美元，到 2015 年有望超过石油市场成为世界第一大市场。此外市场制度建设方面，2012 年后京都议定书时期的国际碳交易体系也值得期待。

第一节　碳市场的缘起

碳产品或碳资产，最初在这个世界上并不存在，它既不是商品，也没有经济价值。然而，1997 年《京都议定书》的签订，改变了这一切。在环境合理容量前提下，人为规定包括二氧化碳在内的温室气体的排放行为要受到限制，由此导致碳的排放权和减排量额度（信用）开始稀缺，并成为一种有价产品，称为碳资产。碳资产的推动

者，是《联合国气候框架公约》的100个成员国及《京都议定书》签署国。这种逐渐稀缺的资产在《京都议定书》规定的发达国家与发展中国家共同但有区别的责任前提下，出现了流动的可能。由于发达国家有减排责任，而发展中国家没有，因此产生了碳资产在世界各国的分布不同。另一方面，减排的实质是能源问题，发达国家的能源利用效率高，能源结构优化，新的能源技术被大量采用，因此本国进一步减排的成本极高，难度较大。而发展中国家，能源效率低，减排空间大，成本也低。这导致了同一减排单位在不同国家之间存在着不同的成本，形成了高价差。发达国家需求很大，发展中国家供应能力也很大，碳交易市场由此产生。

碳交易是《京都议定书》为促进全球温室气体减排，以国际公法作为依据的温室气体减排量交易。在6种被要求减排的温室气体中，二氧化碳 (CO_2) 为最大宗，所以这种交易以每吨二氧化碳当量 (tCO_2e) 为计算单位，所以通称为“碳交易”。其交易市场称为碳市场 (Carbon Market)。

总体而言，碳交易市场可以简单地分为配额交易市场和自愿交易市场。配额交易市场为那些有温室气体排放上限的国家或企业提供碳交易平台以满足减排目标；自愿交易市场则是从其他目标出发如企业社会责任、品牌建设、社会效益等自愿进行碳交易以实现其目标。配额碳交易可以分成两大类，其一是基于配额的交易，买家在“总量管制与交易制度”(Cap-and-Trade) 体制下购买由管理者制定、分配或拍卖的减排配额，例如《京都议定书》下的分配数量单位 (AAUs) 和欧盟排放交易体系 EU-ETS 下的欧盟配额 (EUAs)。其二是基于项目的交易。买主向可证实减低温室气体排放的项目购买减排额。最典型的此类交易为清洁发展机制 CDM 以及联合履行机制 JI 下分别产生核证减排量 CERs 和减排单位 ERUs。自愿市场分为碳汇标准与无碳标准交易两种。自愿市场碳汇交易的配额部分，主要的产品有 CCX 开发的 CFI 碳金融工具。自愿市场碳汇交易基于项目部分，内容比较丰富，近年来不断有新的计划和系统出现，主要包括自愿减排量 VER 的交易；同时很多非政府组织从环境保护与气候变化的角度出发，开发了很多自愿减排碳交易产品，比如 VIVO 计划，主要关注在发展中国家造林与环境保护。

在《联合国气候变化框架公约》(UNFCCC) 尤其是《京都议定书》(Kyoto Protocol，KP) 约束下，在后京都时代 (post-Kyoto) 众多气候谈判推动下，全球碳交易市场得以兴起和发展。2005 年生效的《京都议定书》规定，公约附件 I 所列缔约方应个别或共同地确保其二氧化碳等 6 种温室气体排放量，在 2008—2012 年的第一个承诺期内，比 1990 年水平至少减少 5.2%，其中，欧盟削减 8%，美国削减 7%，日本削减 6%，东欧各国分别削减 5%—8%，新西兰、俄罗斯和乌克兰则不必削减，但要将其温室气体排放量稳定在 1990 年的水平上，允许爱尔兰、澳大利亚和挪威的排放量分别比 1990 年增加 10%、8% 和 1%。如不履行将面临重罚。发展中国家未作限定。这样，碳排放权开始成为一种稀缺的资源，具有商品属性和价值以及进行交易的可能性，自此，以二氧化碳排放权为主的碳交易市场开始兴起。《京都议定书》为碳市场的发展引入了三种灵活机制，即：排放交易 (Emission Trading；ET)、联合履约 (Joint Implementation；JI) 和清洁发展机制 (Clean Development Mechanism；CDM)，允许附件 I 国家通过相互之间及其同发展中国家之间合作，完成其有关限制和削减排放的承诺。其中，ET 和 JI 针对发达国家，只有 CDM 是唯一涉及发展中国家的“灵活机制”。CDM 规定，附件 I 国家可以通过在发展中国家进行既符合发展中国家可持续发展政策要求，又能产生温室气体减排效果的项目投资，以此换取投资项目所产生的部分或全部温室气体减排额度，作为其履行减排义务的组成部分。合作机制设计的目的在于帮助发达国家通过在其他国家以较低成本获得减排量，从而降低发达国家实现其降低排放成本的目的。合作机制通过减排项目的全球配置，能够刺激国际投资，为全世界各国实现“更清洁”的经济发展提供了重要的实施手段。在《京都议定书》的框架下，温室气体排放权成为一种商品，从而形成全球温室气体排放权的交易，简称碳交易。为达到《联合国气候变化框架公约》全球温室气体减量的最终目的，前述的法律

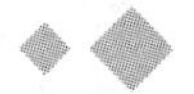

架构约定了三种减排机制，这三种都允许联合国气候变化框架公约缔约方国与国之间，进行减排单位的转让或获得，但具体的规则与作用有所不同。

基于项目的交易是通过项目的合作，买方向卖方提供资金支持，获得温室气体排减额度。由于发达国家的企业在本国减排的成本很高，而发展中国家平均减排成本低，因此发达国家提供资金、技术及设备帮助发展中国家或经济转型国家的企业减排，产生的减排额度必须卖给帮助者，这些额度还可以在市场上进一步交易。项目型交易 (Project-based transactions)，指因进行减排项目所产生的减排单位的交易，如清洁发展机制下的“排放减量权证”、联合履行机制下的“排放减量单位”，主要是通过国与国合作的减排计划产生的减排量交易，通常以期货方式预先买卖。

《京都议定书》第十二条规范的“清洁发展机制”针对附件 I 国家 (发展中国家) 与非附件 I 国家之间在清洁发展机制登记处的减排单位转让。旨为使非附件 I 国家在可持续发展的前提下进行减排，并从中获益；同时协助附件 I 国家透过清洁发展机制项目活动获得“排放减量权证” (专用于清洁发展机制)，以降低履行联合国气候变化框架公约承诺的成本。

《京都议定书》第六条规范的“联合履行”，系附件 I 国家之间在“监督委员会”监督下，进行减排单位核证与转让或获得，所使用的减排单位为“排放减量单位”。

《京都议定书》第十七条规范的“排放交易”，则是在附件 I 国家的国家登记处之间，进行包括“排放减量单位”、“排放减量权证”、“分配数量单位”、“清除单位”等减排单位核证的转让或获得。

清洁发展机制 (CDM)、排放贸易 (ET) 和联合履约 (JI) 是《京都议定书》规定的 3 种碳交易机制。此外，全球的碳交易市场还有另外一个强制性的减排市场，也就是欧盟排放交易体系 (EUETS)。在这两个强制性减排市场之外，还有一个自愿减排市场。与强制减排不同的是，自愿减排更多是出于一种责任。这主要是一些比较大的公司、机构，处于自己企业形象和社会责任宣传的考虑，购买一些自愿减排指标 (VER) 来抵消日常经营和活动中的碳排放。这个市场的参与方，主要是一些发达国家的跨国大公司，此外也有一些个人会购买一些自愿减排指标。

第二节　全球碳市场发展现状与特征

一、发展现状

国际碳市场的迅猛发展起于 2005 年 1 月 1 日欧盟排放交易体系的执行。根据世界银行 2005 年以来每年出版的《碳市场现状与趋势报告》：

1998—2004 年的碳市场交易量分别为 1900 万吨、3800 万吨、1800 万吨、1600 万吨、3000 万吨、8000 万吨和 1.2 亿吨二氧化碳当量。

2005 年，全球碳市场交易额超过 108 亿美元，其中以项目为基础的碳信用交易量为 3.72 亿吨，交易额为 26.7 亿美元，分别是 2004 年的 3 倍和 5 倍；CDM 二级市场交易量为 1000 万吨，交易额为 2.21 亿美元；配额市场交易量达 3.29 亿吨二氧化碳当量，交易额达 82.8 亿美元。

2006 年，全球碳市场交易额超过 300 亿美元，其中以项目为基础的碳信用交易量为 4.83 亿吨，交易额超过 50 亿美元；CDM 二级市场交易量为2500万吨，交易额为4.44 亿美元；配额市场交易量超过 11 亿吨，交易额超过 246 亿美元。

2007 年，全球碳市场交易额超过 640 亿美元，其中以项目为基础的碳信用交易量为 6.34 亿吨，交易额超过 81.9 亿美元；CDM 二级市场交易量为 2.4 亿吨，交易额为 54.5 亿美元；配额市场交易量超过 21 亿吨，交易额约为 504 亿美元。

2008 年，全球碳市场交易额超过 1263 亿美元，其中以项目为基础的碳信用交易量为 4.63 亿吨，交易额超过 72 亿美元；CDM 二级市场

交易量10.7亿，交易额262.7亿美元，配额市场交易量超过32.7亿吨，交易额约为929亿美元。

表3-1　2005-2008年碳交易量和交易额一览表

	2005年		2006年		2007年		2008年	
	交易量	交易额	交易量	交易额	交易量	交易额	交易量	交易额
基于项目的市场								
CDM一级市场	341	2417	450	4813	552	7433	389	6519
JI	11	68	16	141	41	499	20	294
自愿型市场	20	187	17	79	43	263	54	397
小计	382	2894	508	5477	636	8195	463	7210
CDM二级市场								
小计	10	221	25	444	240	5451	1072	26277
基于配额的市场								
欧盟ETS	321	7908	1104	24436	2060	49065	3093	91910
新南威尔士NSW	6	59	20	225	25	224	31	183
芝加哥气候交易CCX	1	3	10	38	23	72	69	309
英国ETS	0	1		Na	Na	Na	Na	Na
RGGI	Na	Na	Na	Na	Na	Na	65	65
AAUS	Na	Na	Na	Na	Na	Na	18	211
小计	328	7970	1134	24699	2108	49361	3276	92859
总计	720	11085	1667	30620	2984	63007	4811	126346

注：交易量单位为百万吨二氧化碳，交易额单位为百万美元。

资料来源：World Band State and Trends of the Carbon Market 2006，2007，2008，2009。

目前，全球碳交易市场得到了快速发展和扩张，其中欧盟排放交易体系、美国芝加哥气候交易所的减排体系和澳大利亚新南威尔士州温室气体减排计划、英国的交易体系是全球几个主要的碳交易平台。

从全球碳市场发展现状看，市场已较为成熟，呈现产业化和规模化特点，而当前碳市场下发展中国家受益有限。在2009年全球碳市场中，完全由发达国家参与的配额碳市场(Allowance Market)占全球碳市场的85%，而发展中国家目前能够参与的CDM(Clean Development Mechanism，即清洁发展机制)一级市场份额不足全球碳市场的2%，且未来发展受制于配额碳市场规则。中国是CDM一级市场最大供应国，但市场份额有所减少。据报告分析，在2009年全球CDM一级市场中，中国仍然以72%的份额占据主导地位，但与2008年的84%相比，有所减少，而非洲及中亚地区发展迅速，市场份额均翻了一番，分别达7%和5%。这表明，一方面中国依然是众多碳市场投资者首选的、最现实的大卖家，另一方面CDM一级市场萎缩趋势对中国的冲击更为显著。

根据世界银行发布的《2010全球碳市场现状与趋势》报告，2009年全球碳市场交易量达到87亿吨二氧化碳当量，交易额达到1437.35亿美元。配额碳市场依然是全球碳市场的主体，其交易量达73.62亿吨二氧化碳当量，交易额达1228亿美元，均占全球碳市场的85%。其中，欧盟碳排放权交易机制(EU-ETS)仍然是市场的驱动力，其交易量和交易额分别占配额碳市场的86%和96%。

目前，全球碳交易主要有两种形式，一是基于配额(Allownace-Based)的交易，在“总量控制与交易”(Cap and Trade)体制下，对有关机构制定、分配或拍卖的减排配额进行交易。市场主要包括各自独立的三个体系，即：欧盟排放贸易体系(EU-ETS)、澳洲新南威尔士(NSW)和芝加哥气候交易所(CCX)，均是在发达国家之间进行。二是基于项目(Market-Based)的交易，亦即将可证实降低温室气体排放的项目用于交易。市场主要包括清洁发展机制和联合履行机制，前者在发达国家与发展中国家之间进行，后者在发达国家和经济转型国家之间展开。中国作为发展中国家，只能参与清洁发展机制项目开发，并将所获项目产生的核证减排量(CERs)出售给有减排要求的发达国家政府或机构。2009

年，基于项目的交易额下降54%到34亿美元，这主要受CDM交易的影响。CDM的总交易量下降59%，估计有略多于2亿吨的二氧化碳当量以12.7美元/吨的均价成交，总成交额约为27亿美元。《京都议定书》下的CERs和ERUs前景逐渐暗淡，各国转向AAUs，以寻求可观的和可预见的碳资产。报告显示，AAU的市场容量增大，2009年达到20亿美元，比2008年激增7倍。

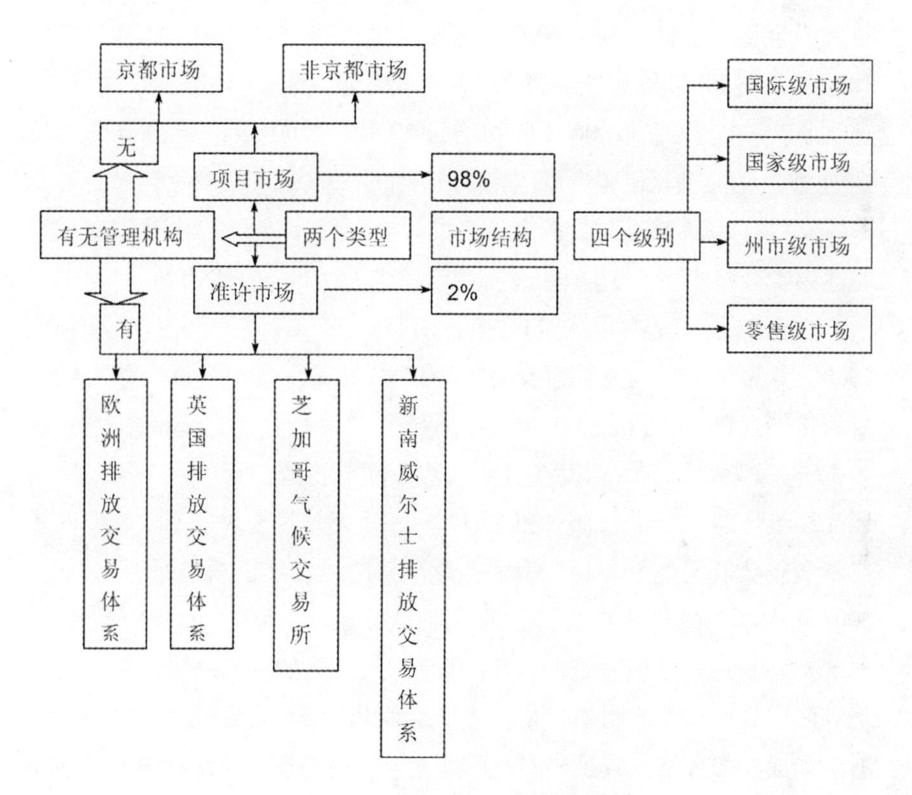

图3—1　国际碳市场结构框架[①]

① 于天飞：《国际碳市场的发展对中国的启示》，载《人口资源与环境》2011年第3期。

二、主要特征

1. 全球碳市场交易规模迅速扩大，欧盟排放交易体系占主导地位

根据世界银行统计，2005—2008年，全球碳交易额年均增长126.6%。尽管2008年受全球金融危机冲击，基于项目的清洁发展机制一级市场交易额下降，但二级市场依然活跃；基于配额的交易仍保持快速增长势头，全年交易额达到1263.5亿美元，比2007年的630.1亿美元增长100.5%，超过2005年交易额的10倍。从全球碳交易量来看，也呈快速增长势头，2005—2008年年均增长59.5%。2008年，全球碳交易量达到48.1亿吨二氧化碳当量，比2007年的29.8亿吨二氧化碳当量增长61.4%，是2005年交易量的3倍。世界银行预计2015年全球碳交易额将达到1500亿美元，有望超过石油市场成为世界第一大市场。

在全球碳交易中，欧盟排放交易体系(EU-ETS)一直占主导地位。2008年，欧盟排放交易体系交易额为919.1亿美元，交易量为30.9亿吨二氧化碳当量，分别比2007年增长87.3%、50.1%，占全球的比重分别为72.7%、64.2%。清洁发展机制仅次于欧盟排放交易体系，其交易额和交易量分别占全球的26%和30.3%。从市场规模上看，清洁发展机制与欧盟排放交易体系相比有很大差距，但清洁发展机制增速不可小视，2008年，清洁发展机制交易额和交易量分别比2007年增长154.5%和84.5%，远超过欧盟排放交易体系和全球碳交易的平均水平。在“共同但有区别的责任”原则下应对全球气候变化，清洁发展机制是目前比较有效和成功的方法。减排成本的巨大差异，使发达国家愿意向发展中国家转移资金、技术。发达国家在向发展中国家转移低碳技术的同时，也促使其自身技术的创新和再出口，因而是一种双赢的机制。中国是目前清洁发展机制下项目交易的主要供给方，2008年占全球的比重高达84%，印度和巴西位列第二和第三，占全球比重分别为4%、3%。

2. 区域性碳交易市场兴起，全球统一市场和规则尚待形成和制定

欧盟排放交易体系(EU-ETS)是目前世界上最大的温室气体排放

权交易市场，涉及欧盟27个成员国，近1.2万个工业温室气体排放实体，有巴黎Bluenext碳交易市场、荷兰Climex交易所，奥地利能源交易所(EXAA)、欧洲气候交易所(ECX)、欧洲能源交易所(EEX)、意大利电力交易所(IPEX)、伦敦能源经纪协会(LEBA)和北欧电力交易所(Nordpool)等8个交易中心，成为全球温室气体排放权交易发展的主要动力。在欧盟排放交易体系第二阶段(2008—2012年)和第三阶段(2013—2020年)的安排中，欧盟继续逐步加大减排力度，并将减排限制扩展到更多的行业(如航空业)。此外，欧盟还打算在第三阶段时，在配额分配中引入拍卖机制，以提高碳交易的效率。

美国目前还没有建立全国统一的碳交易体系，但已有芝加哥气候交易所、东部及中大西洋10个州区域温室气体减排倡议、加州全球变暖行动倡议等区域碳市场，进行配额交易和基于项目的自愿减排量交易。早在2000年成立的芝加哥气候交易所已推出2012年后美国碳交易期货产品，并已开始交易。2009年6月通过的《美国清洁能源法案》，规定要实行温室气体排放权交易机制，政府为发电厂及工厂等设定碳排放量上限，其中85%的限额由政府免费配给，余下的15%限额由各公司购入。只要排放量低于上限，就可以转售限额，借此鼓励企业减少碳排放。美国全国碳交易市场有望以该法案为基础形成。

澳大利亚新南威尔士温室气体减排交易体系于2003年1月正式启动，它对该州的电力零售商和其他部门规定排放份额，对于额外的排放，则通过该碳交易市场购买减排认证来补偿。2007年澳大利亚新任总理陆克文执政后，加入了《京都议定书》，为实现温室气体减排目标，制定了澳大利亚国家减排措施与建立碳交易体系计划，于2011年推行。

亚洲地区碳交易起步较晚。新加坡贸易交易所于2008年7月初成立，计划推出核证减排量交易。香港交易所已经开始研发排放权相关产品，筹备温室气体排放权场内交易。日本环境省曾表示日本正在制定一个类似欧盟排放交易体系的总量管制与配额交易，但推出时间未定。

随着低碳经济政策逐步成熟和完善，世界各国和地区纷纷发展自己的区域性碳交易市场。欧盟于2009年1月提议建立全球统一碳交易市场，将其作为解决全球气候变化问题的方案内容之一。显而易见，欧盟要主导未来国际规则的制定。虽然欧盟承诺扩大其排放交易体系，吸收其他发达国家加入，但要形成全球统一碳交易市场，尚需时日。

3. 后京都时期国际气候协定将影响全球碳交易发展趋势

未来全球碳市场的发展趋势主要取决于联合国气候大会的谈判结果，即达成应对全球气候变化的新减排协定，以取代2012年年底到期的《京都议定书》。此结果将对欧盟、美国的气候政策制定起决定性作用，而这些政策正是未来全球碳市场进一步发展的重要基础。

自2007年12月联合国气候大会达成“巴厘行动计划”并启动后京都国际气候谈判以来，由于发达国家和发展中国家之间分歧严重，迄今未取得任何实质性进展，美国、日本等发达国家对2012年到2020年的温室气体减排承诺表现消极，对发展中国家一直呼吁的发达国家提供环保技术和资金支持等也不愿列入谈判议题，相反却试图给发展中国家制定难以接受的减排目标。鉴于目前谈判形势，恐难达成新的减排协定。但国际社会对温室气体减排日益重视，让人们对全球碳市场发展的前景仍充满期望。在2009年低碳博览会上，由国际排放交易协会(IETA)发布的《温室气体市场民意调查》显示，碳市场各利益相关方都期待全球碳市场的蓬勃发展。

4. 碳排放权交易市场创新迅速

欧洲气候交易所于2005年4月推出碳排放权期货、期权交易、碳交易被演绎为衍生品。目前，在全球范围内进行国际碳排放交易的主要市场有阿姆斯特丹的欧洲气候交易所，法国的未来电力交易所、德国的欧洲能源交易所，还有加拿大、日本、俄罗斯市场，美国和澳大利亚也有自己的国内交易市场，其中美国芝加哥气候交易所是全球首家国内气候交易所。除交易所外，投资银行、对冲基金、私募基金以及证券公司等金融机构在碳市场中也扮演不同的角色。

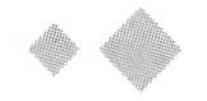

5. **发展中国家正成为主要的卖方市场**

在1996—2000年间，大部分碳交易主要发生在发达国家之间，尤其是美国和加拿大。但是，最近这种状况发生了很大改变。转轨国家和发展中国家对减排量的合同交易份额已经由2001年的38%上升到2002年的60%。

6. **交易市场流动性差，发展不完善**

由于存在多种交易方式，导致目前的碳排放权交易形成了多个分割的交易市场，而且各个交易市场之间缺乏流动性。其中最典型的是CDM项目的交易市场和国际其他交易市场之间的流动性问题。CDM作为发展中国家与发达国家合作实施的碳减排项目，发展中国家只能将减排额度出售给发达国家的买方，却不能拿到国际市场去进行出售，导致这一市场成为明显的买方市场。相反，国际买家却可以将在发展中国家购买的减排额度拿到国际市场去出售，获取巨大的利益。

7. **碳排放权交易价格波动剧烈**

受交易市场不完善、市场供求关系影响，国际碳排放权交易价格经常出现巨大的波动。例如，我国CDM项目最初交易价格在5美元左右，最高上升到15美元，后来稳定在10美元左右。欧盟内部的交易市场的价格波动更为剧烈。2006年4月中旬，欧洲气候交易所创下了每吨30欧元的纪录，但在5月中旬又狂跌至每吨10欧元，2007年的期货价格则降到了每吨4欧元。

第三节　全球主要碳市场

目前，欧洲和美国都已经建立成型的碳市场，但在碳市场未来发展方向上，欧、美却表现出截然相反的态度，欧盟计划将碳市场覆盖到整个欧洲，而美国现有的自愿交易的碳市场面临夭折的风险。欧盟碳市场是全球唯一一个强制减排指标的交易市场，也是最为完善的碳交易市场。2009 年在全球 1440 亿美元碳交易额中，欧盟市场就占到了 1180 亿美元。欧盟表示现有碳交易机制对于减排起到了推动作用，根据《京都议定书》欧盟到 2012 年需要在 1990 年基础上减少 8%，但实际上到 2008 年欧盟减排已经达到 11.3%，超额完成任务。

在美国，自 2003 年起就建立了芝加哥气候交易所，主要为承担自愿减排任务的 10 个州和福特、IBM、英特尔、美国银行等自愿减排企业提供交易服务。与欧盟交易所主要交易二氧化碳排放指标不同，美国交易包括了二氧化碳等全部六种温室气体。并且，美国在控制二氧化硫等气体排放方面取得了巨大成功，它所实施的严密监控体系和测算体系，为市场交易提供了强有力的支撑。美国没有通过《京都议定书》，并不承担强制减排任务，其交易所主要交易企业自愿减排指标，本来是为未来强制性减排指标的交易做准备。在奥巴马竞选总统时，将绿色经济、强制减排等作为竞选纲领，但随着年底民主党中期选举的失利，共和党对于强制减排指标极为抵制。这意味着至少在两年内美国将无法建立强制排放碳市场，芝加哥气候交易所面临被关闭的风险。

一、芝加哥气候交易所（Chicago Climate Exchange，CCX）体系

芝加哥气候交易所成立于 2003 年。它是全球第一个、北美地区唯一一个自愿参与温室气体减排量交易，并对减排量承担法律约束力的先驱组织和市场交易平台，其核心理念是“用市场机制解决环境问题”。交易所采取“会员治理”模式。企业等减排实体资源申请加入交易所，并承担遵守交易规则的法律义务。会员减排量需要经过交易所审核确定后方可入市。该交易所属于配额交易，以“每百吨二氧化碳当量”作为一个交易单位。超额完成减排义务的会员，可将自己富余的减排额度有偿转让给未达到减排目标的会员。

作为世界第一个包括所有六种温室气体的排放注册、减排和交易体系，自 2003 年 12 月 12 日开始，芝加哥气候交易所进行温室气体排放许可和抵消项目的电子交易。现已有 200 多个跨国参与者，分别来自航

空、汽车、电力、环境、交通等数十个不同的行业。

在芝加哥气候交易所的减排计划中，许多北美公司和其他实体（如市政当局）自愿作出了有法律约束力的减排承诺，以保证芝加哥气候交易所能够实现其两个阶段目标：在第一阶段(2003—2006年)，所有的会员单位将温室气体减排相对于1998—2001年水平实现每年减排1%的目标；在第二阶段(2007—2010年)，所有的成员将排放水平下降到1998—2001年水平的94%以下。这些公司可以通过内部减排、从其他面临排放限制的公司购买许可，或者购买满足特定标准的减排项目产生的信用额度来履行承诺。

芝加哥气候交易所开发了一套基于互联网的电子交易平台，供其会员买卖温室气体排放权使用。所有交易都必须通过这个电子交易平台进行。交易的过程和数据由内部系统记录，不对外公布。会员超额完成的减排指标可以储存。

芝加哥气候交易所(CCX)是世界上第一个、北美唯一的、自愿的、独立的、第三方的、可核证的具有法律约束力的温室气体减排交易体系。CCX体系的突出特点是，企业自愿加入一个由第三方认证的强制性减排系统，并签订具有法律约束力的减排目标协议，形成独特的自愿性质的总量限制交易体系。它的创办人和主席是经济学家、金融改革的先锋理查桑德尔博士，他因在2002年创建CCX的创举而被称为“碳交易之父”，更曾被《时代》杂志评为“地球英雄”。

1. 目标

(1) 用透明的价格促进温室气体排放许可交易的执行。

(2) 建立必要的技能和制度，以有利于成本效益的方式管理温室气体排放。

(3) 促进公众和私人部门中温室气体减排能力的建设。

(4) 加强适当有效地减少温室气体排放所必需的智力框架。

(5) 在应对全球气候变化危机方面，加强公众告知和参与。

2. CCX 体系的交易产品

CCX 体系的主要交易标的是碳金融工具 (CFI)，一个单位的 CFI 代表 100 吨二氧化碳当量的减排量，既可以是基于配额的信用，根据排放会员的排放基准线与交易所分配的减排目标而发放给排放会员，也可以是来自符合要求的减排项目的抵消信用。CCX 体系规定最多只能使用来自抵消项目的减排信用抵消 50% 的该体系所要求的总体减排量，但对会员实体的对抵消的使用量没有作出限制。

3. 覆盖范围

由于从根本上是一个自愿减排体系，因此 CCX 没有如同管制型排放交易体系那样的强制覆盖行业或地区，所有自愿加入 CCX 的会员在全世界的排放温室气体的设施和符合要求的所有抵消项目都在 CCX 体系覆盖范围之内。

CCX 体系覆盖 CCX 成员设施排放的 6 种气体，即二氧化碳、甲烷、氧化亚氮、氢氟碳化物、全氟化碳、六氟化硫。

4. 减排目标和时间表

第一阶段为 2003—2006 年，减排目标是相比基期每年减少排放 1%，总计第一阶段 4 年减排 4%。以 1998—2001 年期间的平均排放量作为基线排放量。

第二阶段延续到 2010 年，第一阶段加入的成员承诺再额外减排 2%，对第二阶段加入的新成员承诺的减排总量到 2010 年相比 2000 年减排 6%。

5. 排放物抵消

拥有者或者整合商的符合资格的项目包括碳封存、碳消除、碳替代项目。减排发生和核证文件呈送 CCX 核准后，就成为抵消项目。

关于抵消信用，CCX 建立了 9 种类型抵消项目的原则条款和方法学，分别是：垃圾填埋气捕捉与燃烧、造林与再造林等。

6. 会员体系

CCX 实行会员制度，所有在 CCX 体系参与交易的实体或个体都必须注册成为 CCX 的会员。目前约有 400 家会员，包括福特和杜邦等世界五百强企业，也包括美国新墨西哥州和波特兰市等地方政府。

CCX 会员分为 7 类，包括：正式会员、协作会员、登记参与会员、抵消提供者、抵消整合者、流动性提供者 (做市商或自营商) 和交易参与者。

全体会员的共同利益包括：

(1) 降低财务、操作及名誉上的风险。

(2) 减排额通过第三方以最严格的标准认证。

(3) 向股东、评估机构、消费者、市民提供在气候变化上的应对措施。

(4) 建立符合成本效益评价的减排系统。

(5) 获得驾驭气候政策发展的实际经验。

(6) 通过可信的有约束的应对气候变化措施，得到公司领导层的认可。

(7) 及早建立碳减排的记录和对碳市场的经验。

7. CCX 交易系统

CCX 的交易系统有 3 个组成部分，这 3 个部分整合在一起，为即时的数据提供注册，以支持交易，帮助会员管理排放量基线，帮助会员实现履约的目标。

(1)CCX 注册平台

CCX 注册平台为其碳金融工具担任官方持有人记录系统，也是合约交易的电子数据库，用以记录和确定会员的减排履约和 CFI 交易状况。所有的 CCX 成员都必须有 CCX 注册账户。

(2)CCX 交易平台

CCX 交易平台是一个通过互联网运行在 CCX 注册账户持有人之间完成交易指令、成交确认并公示交易结果的系统。交易的标的是标准化的 CFI，采取保证金交易，交易当天完成成交，次日交割。

CCX 是一个基于网络的交易场所，该平台最大的特征是价格公开透明，不支持匿名交易和通过私下谈判协商达成的双边交易，保证了交易正常的秩序和价格公开。

(3) 清算结算平台

清算和结算平台处理来自 CCX 交易平台的所有交易活动的每日的数据和信息。这个系统于注册系统相连，将发生的交易活动在注册账户持有人之间完成 CFI 的交付。

8. CCX 的管理机构

常设委员会负责特定市场的提供，包括：执行委员会、环境达标委员会、交易和市场运转委员会、抵消委员会、会员委员会和林业委员会。

所有的抵消项目必须经过第三方核证机构审核，然后将核证报告提交金融行业管理当局 (FINRA) 进行完整性审查。芝加哥气候交易所为其抵消信用建立了一个登记处，所有在 CCX 交易平台上交易的抵消信用都需要在该登记处注册挂牌。

9. CCX 评价

芝加哥气候交易所自 2003 年开始推出企业“自愿加入、强制减排”的减排与交易模式，鼓励企业自愿开展温室气体减排活动，是对运用市场机制减排温室气体的一种有益尝试。虽然因为各种原因在创办 8 年后最终停止，但它对全球应对温室气体排放和碳市场是具有非常重大的历史意义的。CCX 体系 8 年来做出了举世瞩目的非凡成就，截止 2010 年 10 月 21 日，CCX 的成绩以数字概括表现如下：

(1)CCX 吸引了 450 家会员，包括公共事业、制造厂商、服务机构和科研院所等各种实体。

(2) 从 2003 年以来，通过 CCX 体系实现的减排量将近 7 亿吨二氧化碳，近似于一年从马路上减少 1.4 亿辆汽车的减排量。

(3)CCX 体系的总计基线排放量是 6.8 亿吨二氧化碳 (相当于欧盟排放体系规模的 2/3)，该体系 8 年来总计实现了约 2000 万吨二氧化碳的减排量。其中 88% 来自工业企业的减排努力，另有 12% 来自外部抵消项目。

(4) 超过 1.5 万个农场主、牧场主和林场主参加了该体系的最佳管理实践 (参与土地面积超过 2500 万英亩)。

(5) 它的活动范围包括了美国的全部 50 个州、加拿大的 8 个省以及 16 个国家。

(6) 该体系完成了总计 149127400 吨二氧化碳的交易规模，加权平均交易价格为 3.26 美元 / 吨二氧化碳。

(7) 从 2003 年以来，超过 8300 万吨二氧化碳的减排信用在该体系的抵消计划登记注册，其中包括超过 2700 万吨来自农业土壤与牧场的减排量和超过 2600 万吨来自甲烷项目的抵消信用。

(8) CCX 建立了一套可靠、多样化的小小协议和标准体系，这其中包含了数百位专家的智慧和经验的贡献。此外，CCX 还向其他温室气体减排计划和地区进行了扩张，其中一些由 CCX 发起或参与设立的交易所表现出了远比 CCX 更为靓丽的发展势头，如欧洲气候交易所 (ECX) 和芝加哥气候气候交易所 (CCFE) 等。

目前 CCX 附属或参股的交易所包括：ECX、CCFE、Envex 环境产品研发、天津排放权交易所等，此外，还在参与印度气候交易所的开发，试图在印度试点一个类似于 CCX 的总量控制与交易计划。

最重要的是，CCX 通过价格透明、减排量独立核证的交易平台，为温室气体减排提供了一个基于市场的、灵活的、成本有效的机制手段。而通过为温室气体减排建立一个透明的、基于市场的价格体系，CCX 促进了市场向低碳、清洁的新技术、新商业模式和创新产品的资本聚集，并且帮助企业建立起管理气候危机所必需的能力与制度。

二、欧洲气候交易所 (European Climate Exchange，ECX)

欧洲气候交易所是芝加哥气候交易所 (CCX) 的一个全资子公司。

芝加哥气候交易所与伦敦国际原油交易所 (IPE) 合作，通过伦敦国际原油交易所的电子交易平台挂牌交易二氧化碳期货合约，为温室效应气体排放交易建立首个欧洲市场。欧洲已经成为世界上最为活跃的碳交易市场。2002 年荷兰和世界银行首先开始碳交易时，碳排放权的价格为每吨 5 欧元左右，此后开始上扬，2004 年达到 6 欧元，到 2006 年 4 月上旬，每吨价格超过了 31 欧元。2006 年世界二氧化碳排放权交易总额达到 280 亿美元，为 2005 年的 2.5 倍，交易的二氧化碳达到 13 亿吨，其中位于阿姆斯特丹的欧洲气候交易所 (ECX)2006 年的交易量超过前一年的 4 倍多，达到 4.5 亿吨。

自启动以来，欧盟碳市场已迅速成为全球市值最大的碳交易市场。2005 年市场初建，交易量为 27 亿 EUA(European Union Allowance)，交易额为 59 亿欧元。2006 年迅速增长，交易量为 8 亿 EUA，交易额为 152 亿美元，2007 年则继续攀升，交易量和交易额分别达到 15 亿 EUA 和 241 亿欧元。

目前，欧洲碳排放交易已基本实现市场化运行，形成了场外、场内、现货、期货和衍生品等多层次碳交易市场体系，排放权价格完全由市场决定。在整个欧盟境内有几千家企业已在这个市场上进行二氧化碳排放交易，行业涉及钢铁、能源、电力等，EU-ETS 第二阶段还有航空业和化工业参加。成熟的金融市场和积极创新吸引了众多投资人、金融机构和经纪商参与，专业进行碳排放权买卖。

欧洲已经形成了有市场规范和监管的碳排放交易中心，甚至出现了排放权证券化的衍生金融工具。主要的交易中心包括欧洲气候交易所 (ECX)、欧洲能源交易所 (EEX)、奥地利能源交易所 (EXAA)、北欧电力库 (Nord P001) 和 Bluenext 环境交易所等。其中 EEX、EXAA 以 EUA 现货交易为主，每天公布 EUA 现货交易价格。ECX 则是新型碳金融工具 EUA 期货、期权的交易龙头，主要交易品种是 2005—2012 各年 12 月交货的 EUA 合约。2007 年，ECX 平均每天交易 400 万 tCO_2 期货，是欧洲碳交易量最大的交易所，并具有价格发现的重要作用。ECX 吸引了一些著名的国际投资银行如高盛集团、摩根士丹利、JP 摩根、花

旗、美林、汇丰、富通等进行投机交易。

多层次的碳交易市场有价格发现的重要功能。交易所公布的价格显示，2005—2007年的EUA价格从2005年初约8欧元一路攀升至30欧元并在20欧元以上高位运行，2006年4月达到峰值31欧元后大幅跌落至10欧元以下，反弹到20欧元后进入下降通道，随着EUETS第一阶段的结束和EUA过剩，EUA价格逐步接近零。

EUA价格主要由供给和需求状况决定。供给是指每年分配给受管制工业设施的EUA数量，需求是指这些工业设施的年实际排放。由于EUETS第一阶段确定的EUA数量22.98亿/a高于实际排放，供给大于需求，EUA价格最后趋于零。为了加强减排力度，提高环境效果，欧盟委员会在第二阶段减少了EUA数量，总量为20.8亿/a。总量减少有可能使市场供不应求，因此2008—2012年各年12月交货的EUA和约价格呈上升趋势。ECX数据显示，2008年12月交货的EUA价格在18—23欧元之间波动。

碳市场还催生了相关的金融服务产业。在伦敦金融街，除了股票、证券和期货交易所外，还有不少专门从事碳排放交易的公司，提供碳排放市场资讯、研究和经纪服务。从业者多是在股票或期货交易所获得专业证书的人士以及环保专家。通过互联网可以联系到这些碳服务公司。如果某家企业的排放量超出获得的配额，他们只要通过这些碳交易市场网络，就可以找到欧洲各地配额没有用完的企业，并购买额外的配额。和其他的交易所相比，这些碳排放交易公司的工作环境上并没有不同：在公司大厅的墙壁上，液晶屏上的数字不断地跳跃变换，显示着各地统计出来的碳排放最新数据、各地碳排放量最高和最低的企业名称、目前每吨碳排放的价格等等。

三、英国碳交易体系

早在2002年，英国就自发建立了碳交易体系，成为全球首个在全国范围内建立碳交易市场的国家，目前有33家企业参与碳交易。统计显示，从2002年至2006年的4年期间，英国共减排720万吨二氧化碳当量。另外，在伦敦证券交易所创业板上市公司中，有60多家企业致力于研发碳减排新技术。虽然在伦敦没有一所类似股票交易所的碳交易所，但是这些大大小小从事碳排放交易的企业却早就联合在一起了。同这些公司接触并不困难，无论是通过互联网，还是电话查号台，人们都能联系到从事碳排放交易的公司。如果某家企业排放量超出获得的配额，他们只要通过这些碳交易市场网络，就可以找到世界各地配额没有用完的“较清洁”企业，并购买额外的配额。

为推动行业创新，促使英国政府在欧盟和联合国气候谈判中采取有利的立场，伦敦金融城成立了伦敦气候变化行业协会，进一步推动和规范伦敦碳交易市场。协会目前已有49家会员，基本包含了伦敦所有从事碳交易的企业，其中不仅涉及会计、保险、金融、法律、培训、市场咨询、公关传媒、风险管理等传统行业，还涉及碳交易、碳中介、碳管理、碳登记、碳排量跟踪核实、京都机制等新兴的碳实体。英国政府政策的先期诱导、伦敦金融城的专业平台以及业界自身潜力成就了伦敦在碳交易方面的先发优势，从而使之逐步向全球性碳交易中心迈进。与其较完备的碳交易体系相配套，2001年4月1日，英国开始征收气候变化税，这项税收是英国应对气候变化方案的重要组成部分，预计每年可以减排温室气体250万吨。按照相关政策规定，从2007年4月1日起，英国气候变化税实行浮动税率，与通货膨胀指数挂钩。同时，有关部门将部分气候变化税收入用于提高能效项目，包括建立碳基金。

第四章　欧盟排放交易体系

第一节　概　况

1997年《京都协议》制定时，欧盟曾采取了反对的姿态。其后，由于丹麦和英国率先实施排放量交易制度并初具成效，从而欧盟层面及其他成员国对该制度取得共识。于是，欧盟委员会在2001年10月提出了"欧盟地区排放量交易指令"，该指令在2003年7月召开的欧盟理事会上得以通过。由此，在2005年创建了欧盟地区的碳排放交易体系(ET-ETS)，即在欧盟成员国之间进行减排量交易的制度。

欧盟碳排放交易体系(European Union Emissions Trading Scheme，以下简称EU-ETS)是迄今为止世界范围内覆盖最多国家、横跨最多行业的温室气体排放权交易体系。EU-ETS对于探索市场化途径发展低碳经济适应气候变化实现可持续发展战略目标具有典范的意义。① EU-ETS是一个依据欧盟法令(EU-ETS排放指令Directive2003/87/EC及EU-ETS排放指令修订2009/29/EC)和国家立法建立在企业层次上的机制。EU-ETS仅管理工业设施的排放，它和《京都议定书》可以通过"关联指令"(Linking Directive)和JI与CDM联系起来，该指令于2004年11月14日生效。EU-ETS是欧盟为实现《京都议定书》减排承诺而实施

① 根据EU-ETS指令Directive2003/87/EC，EU-ETS的建立是为了达到《联合国气候变化框架公约》UNFCCC最终目标，实现温室气体排放总量及浓度的稳定。

的区域性“总量与贸易”(cap-and-trade) 温室气体减排措施。EU-ETS 第一阶段 (2005—2007 年)，欧盟委员会向 27 个成员国发放了 22.98 亿 EUA(即排放许可，1EUA=1tCO_2/a，第二阶段 (2008—2012 年) 削减至 208 亿 EUA/a。各成员国将 EUA 再分配给约 10000 个工业设施，如当年工业设施实际排放超过被分配的 EUA 限额，每多排放 1tCO_2，在第一阶段需支付 40 欧元罚款，第二阶段提高到 100 欧元。2007 年开展了初始的“学习阶段”(第一阶段)。第二阶段与京都议定书履约期重合 (2008—2012)；第三阶段计划将在 2013—2020 年期间开展。

欧盟的排放量交易制度是以直接排放温室气体中的二氧化碳的设施为对象，明确规定各对象设施可以排放二氧化碳的限度额，这就是所谓的“下游型排放量交易制度”，该制度由两个时期构成：

第一时期为 2005—2007 年，欧盟称之为“试行时期”(pilot phase) 或“开始时期”。在这一时期，欧盟并非急于实现该制度的理想模式，而是把重点放在制度的顺利导入和定型。在这一时期，欧盟选择“一定规模以上”的设施为对象。这里所说的“一定规模以上”具体而言是指 20 万千瓦以上的燃烧设施以及能源消费大的石油精炼、金属、钢铁、水泥、玻璃、陶器、造纸等一定规模以上的燃烧设备、精炼设施和生产设备。在这一时期的设施对象数大约为 12000 种左右 (其中德国最多为 1849 种，英国次之为 1048 种)，整体所覆盖的范围大约欧盟地区内二氧化碳排放量的 46%。欧盟的排放量交易制度的特点是设定了巨额罚款，针对各个对象设施分配排放量定额，在第一时期对超过排放定额的二氧化碳每吨处罚 40 欧元，在第二时期，每吨处罚 100 欧元。

第二时期 (2008—2012 年，也即《京都议定书》第一约束时期)，欧盟将实施对象扩大到航空部门，在第三时期 (2013—2020 年)，计划把实施对象扩大到化工及铝精炼部门。

在第一和第二时期，欧盟相关机关为了减轻企业的负担，根据各个企业过去的排放量情况无偿为各个企业分配排放量，而在第三时期，将采用竞标的方式有偿地分配排放量。在初期实施的排放量分配主要是根据 2004 年欧盟委员会制定的“欧洲排放量交易初期分配指

南”进行的，在实际进行排放量的分配时，各国政府的有关机构与产业界之间展开了极为艰难的交涉。欧盟的气候变化能源一揽子法案在排放量的分配方式上从无偿分配转换为原则上竞标的方式，以便追求制度的公平性和效率。

表 4—1　欧盟碳排放交易制度（EU-ETS）三个时期概况

	第一时期 (2005—2007年)	第二时期 (2008—2012年)	第三时期 (2013—2020年)
分配总量	比2005年+8.3%	比2005年-5.6%	比2005年-21%
分配方式	无偿分配	无偿分配	竞标形式
产业对象	能源与一般工业部门	扩展到航空部门	扩展到化工、铝精炼部门
未达成的代价	每吨二氧化碳处罚40欧元	每吨二氧化碳处罚100欧元	根据物价进行调整

资料来源：作者根据欧盟统计局信息整理而成。

第二节　欧盟排放交易体系的特征

《京都议定书》要求，从 2008 年到 2012 年，欧盟二氧化碳等 6 种温室气体年平均排放量要比 1990 年的排放量低 8%。欧盟在其《2020 发展规划》中规定的目标是，2020 年温室气体排放在 1990 年的基础上减少 20%，德国的目标是 2020 年温室气体排放量要比 1990 年的排放量减少 40%，增加一倍。德国可再生能源占全部能耗的比重 2020 年将达到 18%，长期目标是占 50% 以上。可再生能源占发电量的比重 2050 年要达到 80%，从 2008 年起至 2020 年，平均每年能效提高 2%。① 目前为止，EU-ETS 是全球最大的碳排放总量控制与交易 (cap-and-trade) 体系。欧盟有官员甚至认为，这是全球多个碳价体系中，第一个能走向世界的

① 参见《2011年德国国家改革纲要》，该纲要于2011年5月通过，要求全面落实欧盟的五大核心指标，其中第三个核心指标是关于气候保护与能源方面。

碳交易体系，其鲜明的特征主要体现在：

一、欧盟排放交易体系属于总量控制与交易（cap-and-trade）体系

总量控制与交易体系是指在一定区域内，在污染物排放总量不超过允许排放量或逐年降低的前提下，内部各排放源之间通过货币交换的方式相互调剂排放量，实现减少排放量、保护环境的目的。[①] 借鉴美国当年的经验，欧盟排放交易体系的具体做法是，各成员国根据欧盟委员会颁布的规则，为本国设置一个排放量的上限（即cap），确定纳入排放交易体系的产业和企业，并向这些企业分配一定数量的排放许可权——欧洲排放单位（EUA，European Union Allowance）。如果企业能够使其实际排放量小于分配到的排放许可量，那么它就可以将剩余的排放权放到排放市场上出售，获取利润；反之，它就必须到市场上购买排放权，否则，将会受到重罚。欧盟委员会规定，在试运行阶段，企业每超额排放1吨二氧化碳，将被处罚40欧元，在正式运行阶段，罚款额提高至每吨100欧元，并且还要从次年的企业排放许可权中将该超额排放量扣除。由此，欧盟排放交易体系设计出一种激励机制，以激发私人部门追求以最低成本实现减排。欧盟试图通过这种市场化机制，确保以经济的方式履行《京都议定书》，把温室气体排放限制在社会所希望的水平上。

二、欧盟排放交易体系采用分权化治理模式

分权化治理模式指该体系所覆盖的成员国在排放交易体系中拥有相当大的自主决策权，这是欧盟排放交易体系与其他总量交易体系的最大区别。其他总量交易体系，如美国的二氧化硫排放交易体系都是集中决策的治理模式。欧盟排放交易体系覆盖30个主权国家，它们在经济发

---

① 总量控制与交易体系最早起源于美国上世纪70年代开始的以二氧化硫为交易对象的“酸雨计划”，该计划取得了积极而显著的效果。

展水平、产业结构、体制制度等方面存在较大差异，采用分权化治理模式，欧盟可以在总体上实现减排计划的同时，兼顾各成员国差异性，有效地平衡了各成员国和欧盟的利益。

欧盟交易体系分权化治理思想体现在排放总量的设置、分配、排放权交易的登记等各个方面。如在排放量的确定方面，欧盟并不预先确定排放总量，而是由各成员国先决定自己的排放量，然后汇总形成欧盟排放总量。只是各成员国提出的排放量要符合欧盟排放交易指令的标准，并需要通过欧盟委员会审批，尤其是所设置的正式运行阶段的排放量要达到《京都议定书》的减排目标。在各国内部排放权的分配上，虽然各成员国所遵守的原则是一致的，但是各国可以根据本国具体情况，自主决定排放权在国内产业间分配的比例。此外，排放权的交易、实施流程的监督和实际排放量的确认等都是每个成员国的职责。因此，欧盟排放交易体系某种程度上可以被看做是遵循共同标准和程序的 30 个独立交易体系的联合体。

分权化管理模式突显协调机制的重要性。欧盟委员会发布的关于排放交易的诸多指令——如 Directive(2003/87/EC)——是欧盟排放交易体系的基础性法律文件，它确定了各成员国实施排放交易体系所遵循的共同标准和程序。各国所制定的排放量、排放权的分配方案需经欧盟委员会根据相关指令审核许可后才能生效。此外，欧盟委员会还建立了庞大的排放权中央登记系统，排放权的分配及其在成员国之间的转移、排放量的确认都必须在中央登记系统登记。总之，欧盟排放交易体系虽然由欧盟委员会控制，但是各成员国在设定排放总量、分配排放权、监督交易等方面有很大的自主权。这种在集中和分散之间进行平衡的能力，使其成为排放交易体系的典范。

三、欧盟排放交易体系具有开放式特点

欧盟排放交易体系的开放性主要体现在它与《京都议定书》和其他排放交易体系的衔接上。欧盟排放交易体系允许被纳入排放交易体系的企业可以在一定限度内使用欧盟外的减排信用，但是，它们只能是《京

都议定书》规定的通过清洁发展机制（Clean Development Mechanism，CDM）或联合履行（Joint Implementation，JI）获得的减排信用，即核证减排量（Certified Emission Reductions，CERs）或减排单位（Emission Reduction Units，ERUs）。在欧盟排放交易体系实施的第一阶段，CER和ERU的使用比例由各成员国自行规定，在第二阶段，CER和ERU的使用比例不超过欧盟排放总量的6%，如果超过6%，欧盟委员会将自动审查该成员国的计划。此外，通过双边协议，欧盟排放交易体系也可以与其他国家的排放交易体系实现兼容。例如，挪威二氧化碳总量交易体系与欧盟排放交易体系已于2008年1月1日实现成功对接。

四、欧盟排放交易体系的实施方式是循序渐进的

为获取经验，保证实施过程可控性，欧盟排放交易体系的实施是逐步推进的。第一阶段是试验阶段，时间是从2005年1月1日至2007年12月31日。此阶段主要目的并不在于实现温室气体的大幅减排，而是获得运行总量交易的经验，为后续阶段正式履行《京都议定书》奠定基础。在选择所交易的温室气体上，第一阶段仅涉及对气候变化影响最大的二氧化碳的排放权的交易，而不是全部包括《京都议定书》提出的6种温室气体。在选择所覆盖的产业方面，欧盟要求第一阶段只包括能源产业、内燃机功率在20MW以上的企业、石油冶炼业、钢铁行业、水泥行业、玻璃行业、陶瓷以及造纸业等，并设置了被纳入体系的企业的门槛。这样，欧盟排放交易体系大约覆盖11500家企业，其二氧化碳排量占欧盟的50%。而其他温室气体和产业将在第二阶段后逐渐加入。第二阶段是从2008年1月1日至2012年12月31日，时间跨度与《京都议定书》首次承诺时间保持一致。欧盟借助所设计的排放交易体系，正式履行对《京都议定书》的承诺。第三阶段是从2013年至2020年。在此阶段内，排放总量每年以1.74%的速度下降，以确保2020年温室气体排放要比1990年至少低20%。

第三节　欧盟排放交易体系的评价与借鉴

欧盟温室气体排放交易体系是世界最大的跨国温室气体排放交易体系，它要求排放大户将其排放控制在其特定的范围之内，否则企业必须从其他排放单位购买盈余排放权或者面临严厉的处罚。推出后，该体系因为在某些情况下未能减少二氧化碳排放量而面临批评，还因为未能刺激非欧盟国家采取限额和贸易体系而饱受诟病。因此，反对人士呼吁进行根本性的改革，甚至号召解散这一体系，以便实施碳税等更有效的措施。但该体系总体上还是具有减排效果，欧盟也因建立了大范围的气候倡议受到称赞。各方对于 EU-ETS 的评价并不一致，有人认为它是失败的排放交易体系，也有人对它不吝褒奖。笔者认为，尽管在实施过程出现了很多问题让它备受争议，但 EU-ETS 对减排温室气体、对欧洲低碳产业发展、全球应对气候变化行动以及排放交易理论和实践的贡献是不容忽视的。总体而言，瑕不掩瑜。

一、EU-ETS 的积极作用

EU-ETS 建立和成功运行，在全球排放权交易实践和理论发展方面起到了示范作用，并对加速全球碳市场的融合和建立起到促进作用，具体包括：

1.EU-ETS 实践了排放权交易理论，为其他温室气体市场提供了示范，在机制设计理论方面为多国气候谈判提供了重要参照

在机制设计方面，如配额分配、监测和报告、不同交易阶段之间的连接、不同碳市场之间的互动等，EU-ETS 本身是一个跨国集成系统，是一个多国谈判协商综合得到的成果，不仅值得未来国际气候谈判借鉴，也能为其他行业国际组织的形成提供参考。

2.EU-ETS 与其他碳市场相互联动，有助于推动整个国际碳市场的融合与发展

国际碳市场主要包括以《京都议定书》三种灵活机制为基础的碳交

易，其中ETS是基于配额的碳市场，而CDM和JI是基于项目的碳市场。EU-ETS与CDM的联动为CDM项目提供了价格参考，推动了发展中国家CDM项目的发展；通过JI项目覆盖了更多的减排行业，实现了更多的减排量。EU-ETS与其他碳市场之间的联动为未来的气候制度设计和谈判提供了有益的实践基础。

二、EU-ETS 的贡献

1. 对减排的贡献

尽管EU-ETS在第一阶段内被认为设定的减排目标过于保守，并被广泛指责过量分配了配额，发放的配额总量超过了实际排放量，但却不能因此而判断它对减排没有贡献。所谓减排贡献，是指与假定没有EU-ETS的“反事实情景”(即BAU情景)下的排放预测相比，EU-ETS所实现的减排量，由于很难准确预测BAU情景下的二氧化碳排放量(需要综合考虑实际经济增长、能源价格、气象条件等多种因素)，因此很难给出一个确切的数据说明EU-ETS对减排的贡献。

2. 对欧洲低碳产业发展的贡献

EU-ETS的贡献还在于它实际上促进了欧洲低碳产业的发展和向低碳经济的转型，也间接促进了欧洲的温室气体减排。排放交易体系释放出了一个清晰的价格信号，即碳排放是有成本的，这对于企业的战略选择、技术路线、产品开发乃至运营管理等各层面都可能带来一定的转变，而考虑到碳的价格这种转变一般是朝着更高效率、更低碳的方向。

3. 对全球应对气候变化行动的贡献

(1) 避免了《京都议定书》的危机

欧盟实施排放交易体系这一决定，在关键时刻避免了《京都议定书》失败，同时事实上使欧盟减排的行动并不依赖于《京都议定书》生

效。EU-ETS关于2012年后的减排方案，已经使得它的执行超越了《京都议定书》。2001年美国参议院拒绝批准《京都议定书》，时任总统布什以“二氧化碳等温室气体排放和全球气候变化的关系还不清楚、《京都议定书》没有要求一些发展中国家承担减排义务、发达国家单方面限制温室气体排放没有效果”为由退出《京都议定书》，而其他所谓的“伞形国家集团”(加拿大、日本、澳大利亚、新西兰等)和俄罗斯态度消极，迟迟不宣布批准《京都议定书》。根据《京都议定书》第25条的规定，必须同时满足以下两个条件，议定书才能生效：一是必须有55个以上的缔约方批准加入《京都议定书》；二是批准的缔约方合计的二氧化碳排放量至少占附件I所列缔约方1990年二氧化碳排放量的55%以上。美国的退出使得《京都议定书》的前景受到极大的质疑，因为美国1990年二氧化碳排放量占到了附件一缔约方的36.1%。

(2) 与清洁发展机制的链接

EU-ETS通过抵消(offset)机制实行了与清洁发展机制相链接的设计，促进《京都议定书》关于清洁发展机制的实际运行。发展中国家通过开展CDM项目，一方面降低了欧洲的减排成本，更有意义的是通过CDM项目在发展中国家培育了参与全球减排的觉悟意识、组织机构和技术能力，催生了建设低碳经济的热情，并逐渐形成了相应的资金支持和市场，促进了与低碳发展相关的金融和制度创新。这种趋势，可能会促成发展中国家突破传统高碳模式，实现发展路径与传统工业化国家的脱钩，走向低碳发展之路。“共同但有区别的责任”原则在发展中国家的作用得以体现。2008年，CDM项目完成交易4.63亿吨二氧化碳当量，交易金额达到72.1亿美元。截止2010年2月，CDM的执行理事会(EB)对713个项目，减排总计4.06亿吨二氧化碳当量签发了CER。

(3) 促成全球一致的减排行动

EU-ETS的实施使欧盟在气候问题上占据了世界领导者的位置，对美国等伞形国家形成了巨大的压力。这种压力体现在：首先是经济上的收获，欧洲取得了减排问题的先行者优势；其次在政治上，欧盟把握了气候问题的政治话语权和道德制高点。日见频繁的极端异常气候，在现代媒介的传播下逐渐成为困扰民众的热点话题，因而在气候问题上不作为的道德失分是非常严重的政治污点，在伞形国家内部形成了关于气候问题的政党分歧、中央政府和地方行动的分歧、公众环保压力集团和能源集团的对立。这样，欧洲作为先行者所获得的经济和政治优势，就产生了一个时间表的效应，使得美国等国家清楚地明白了一个强制减排计划只是时间问题，因此，各国为了应对这种挑战，在减排和节能上的政策力度和经济支持力度都明显上升。

4. 对排放交易理论和实践的贡献

尽管美国的酸雨计划是排放交易实践的鼻祖，EU-ETS 只是后起之秀，但是两者之间存在巨大的区别，使得 EU-ETS 对排放交易理论和实践的贡献不亚于美国酸雨计划。最重要的区别在于规模：首先，EU-ETS 覆盖大约 11500 个排放源，而相比之下美国酸雨计划仅覆盖了 3000 个；其次在总量控制规模上，EU-ETS 管辖设施的排放总量超过 20 亿吨二氧化碳当量，而美国酸雨计划是 1600 万短吨二氧化硫；再次，EU-ETS 的配额总市值大约为 410 亿欧元，而酸雨计划分配的配额市值约为 50 亿欧元。正是由于 EU-ETS 的规模非常大，欧洲的排放交易市场可以发现其扭曲程度很小，几乎没有能力操纵交易的市场势力。这使得交易成本很低，市场具有高度流动性和很高的效率；高度流动性的市场，便于碳市场的金融化和衍生化的发展；而金融化和衍生化，又会促进低碳产业和相关服务业的兴起。这些在实践上都是以往的排放交易体系所不具备的。此外，EU-ETS 引入了柔性补偿 (offset) 机制设计，不仅降低了自身的减排成本，而且使得碳市场影响的范围可以较为轻易地突破强制减排管辖的区域本身和行业本身，具有其他排放交易实践所没有的影响力。EU-ETS 的建立和成功运行，在全球排放权交易实践和理论发展方面起到了示范作用，并对进一步加速全球碳市场的融合和建立起到促进作用。

三、局限及尚待改进的方面

为帮助欧盟成员国完成《京都议定书》的减排承诺，欧盟设计了

温室气体排放交易机制。这一机制从2005年运行到现在，各项数据和资料表明欧盟排放交易机制在推进碳减排，提高企业能效，促进清洁发展机制和联合履行机制项目的发展，繁荣全球碳市场，带动低碳技术和低碳金融产业在全球的发展都起到了积极作用，为各国探索建立排放交易机制提供了启示。尽管EU-ETS发展迅速，顺利地完成了第一阶段目标，为履行减排承诺提供了有益支持，但仍然存在许多局限，在后续的市场监管和机制设计中，应该给予关注，具体而言：

1. 第一阶段准备过于仓促

欧盟委员会于2003年10月发布指令(Directive 2003/87EC)，各成员国于2004年3月必须提出国家分配计划(NAP，National Allocation Plans)。对于没有实施排放交易经验的成员国而言，半年的时间有些仓促，造成这些成员国无法按时提出各自国家分配计划，使得很多排放源在EU-ETS刚开始运行时并未参与排放交易。欧盟委员会发布的信息表明，在EU-ETS实施一年多后，仍有塞浦路斯、卢森堡、马耳他和波兰四个成员国尚未建立登记制度，这些成员国不仅无法正确记录二氧化碳排放许可证的核发、持有、转移与注销，更无法与欧盟监管部门进行数据的核证和管理。所以，EU-ETS的实施有些仓促。

2. 欧盟内部对排放权的法律属性尚存在不一致

欧盟内部各成员国对排放权是权利转移还是商品转移，并未达成一致意见。对诸如跨国交易发生纠纷时，以何种法律来解决纠纷、是否会增加交易成本、是否会造成交易价格与交易市场的区域化等问题，均有待进一步观察。

3. 监督力度和执行能力有待加强

虽然欧盟委员会已经对如何检测与报告实际二氧化碳排放量制定了详细的指导，但在操作中如何发挥这些法律法规的实际效果，此工作仍有待加强，以便确保政策的公信力。例如，2006年，意大利受EU-ETS

监督的排放源共 943 个，其中有 208 个未依规定准时申报 2005 年的二氧化碳实际排放量，更有 647 个排放源在提交足额排放许可量上违反规定。另外，EU-ETS 对实际排放量超过排放许可时处以罚款，第一阶段为 40 欧元 / 吨二氧化碳，第二阶段为 100 欧元 / 吨二氧化碳，在运行中罚款机制能否落实，也将影响 EU-ETS 运行效果。

4. 覆盖范围有待扩大

EU-ETS 几乎不涉及 CO_2 以外的温室气体排放。在欧盟，CO_2 以外的温室气体占总排放的 20%，因此，EU-ETS 对完成《京都议定书》减排承诺的影响并不充分。而且，各个国家内部差异很大，例如，在法国，EU-ETS 所涉及部门的排放仅占其温室气体总排放量的 20%，而在爱沙尼亚，该比例为 69%。由于 EU-ETS 只覆盖欧盟 45% 的 CO_2 排放，其影响有限。EU-ETS 涵盖欧盟 25 个国家近 1.2 万个排放设施，包括炼油厂、炼焦厂、20MW 以上的电厂、钢铁厂、水泥厂、玻璃厂、陶瓷厂以及纸浆造纸厂等，但还有 55% 的 CO_2 排放没有纳入该交易体系。欧盟的交通运输业是仅次于电力行业的第二大温室气体排放行业。1990—2000 年，欧盟温室气体排放量总量下降 5%，但是同期的交通运输行业二氧化碳排放量却增加了 26%(Atlcc，2007)。因此，EU-ETS 应当考虑将其纳入到排放交易体系中。

5. 减排成本可能会引起电价等能源价格上涨

随着 EU-ETS 第二阶段的开始，越来越多的企业进入市场。如果市场新入者是发电行业等碳密集行业，随着碳价上升而带来的成本上扬，将一定程度上阻碍该行业科学技术的更新换代，引发该行业低效率的额外投资，并长期造成电力等能源价格的上涨。

6. 欧盟碳交易机制弊端显现

2011 年 1 月，一起碳配额失窃事件引发欧盟碳交易机制“震动”，受失窃事件影响，欧盟碳交易市场暂停一周碳现货交易，碳期货和碳衍

生品交易照常运行。类似许可证失窃事件曾在波兰、爱沙尼亚、奥地利、希腊等国发生，许可证总额为2800万欧元，失窃事件凸显了ETS诸多隐患：各国碳交易登记处“各自为战”，缺乏统一管理；一些交易登记处安全机制脆弱，难以保障账户安全；未设中央结算机构，难以实现净额清算；缺乏相关法规界定碳交易许可证的法律地位。

7. 发放超过实际排放量问题

例如，在2005年，所发放的排放权超过实际排放量4%，没有一个产业的排放权处于短缺状态，钢铁、造纸、陶瓷和厨具部门的排放权发放量甚至超过实际排放量的20%。排放权总量过多，导致排放权价格下降，环境约束软化，企业失去采取措施降低二氧化碳排放的积极性。针对这个问题，欧盟在排放体系实施的第二阶段，下调了年排放权总量。调整后的年排放权平均比2005年低6%。

8. 排放权免费分配问题

第一阶段排放权是免费发放给企业的，并且电力行业发放过多，结果电力行业并没有用排放权抵免实际排放量，而是把排放权放到市场上出售，获取暴利。在第二阶段，政府提高了许可权拍卖的比例，并降低了电力部门的发放上限，迫使电力企业采取措施降低碳排放。

9. 微观数据的缺失问题

欧盟排放交易体系试运行时，工厂层次上的二氧化碳的排放数据是不存在的，排放权只能根据估计发放给企业，由此产生排放权发放过多、市场价格大幅波动等诸多问题。但欧盟利用三年试验期，不断地收集、修正企业层次上的碳排放的数据，现已建立庞大的能支持欧盟决策的关于企业碳排放的数据库。

10. EU-ETS对碳密集型行业的积极作用目前较为有限

有关研究分析了法国、葡萄牙、西班牙和英国1976—2005年的水泥净出口数据，结果表明，产能利用率是净出口的主要影响因素，能源成本居其次，而碳价影响不显著。在炼制工业，2005—2006 年，炼制工业部门减少排放 0.56%，而排放配额剩余 7%，因此，没有花费购买碳的成本。在钢铁行业，钢铁工业普遍从过分分配的配额中获益；钢铁价格上扬使得很难发现碳价对钢铁部门盈利能力的冲击。欧洲是原铝净进口地区，1999—2006 年的数据表明，碳价尚未造成欧盟铝进口增加而影响国内厂商的市场份额削减。

11. 市场规则有待完善

对于已有市场参与者，需要根据行业的不同，进一步细化减排行动的基准市场规则。对于市场新入者，则需要确保竞争的初始公平性。完善的市场规则有助于减少不必要的损失，不过，因为碳市场的特殊性，必须充分考虑到不同行业间的差异性。更重要的是，行之有效的市场规则有利于防止“竞次”(race to the bottom) 现象的出现。

12. 排放权拍卖的份额有待逐步扩大

欧盟委员会应当鼓励套期保值工具的使用，同时完善期货市场交易规则，保障投资的安全性，降低市场紊乱出现的可能性。更有学者提出，在第三阶段取消免费发放排放权。只有不断改革，才能使得 EU-ETS 真正发挥全局成本最小化的减排功效，为欧盟达成自身制定的减排目标作出贡献，也为其他国家碳市场的建立与发展壮大提供宝贵的经验。

四、备受争议的几个问题

1. 价格波动性 (price volatility)

在 EU-ETS 第一阶段，排放配额即 EUA 的价格经历了极富戏剧性的变化：在开始运行后的前 6 个月中 EUA 价格翻了三番，在 2006 年 4 月的一个星期内暴跌了一半，并在其后的一年中降到零点。EUA 价格

的剧烈波动引发了一些担忧，主要是关于这样不确定的价格信号能否给企业采取减排行动和其他行动提供可靠的激励，对于长期投资风险、市场信心等也有显著影响。

EU-ETS 的价格波动的原因是多方面的，如燃料价格、天气、政治等因素，但根本问题在于对供求和价格的预测与实际相比有较大偏差。第一阶段初期，由于电力行业相比其他工业部门受到了更为严格的管制，并且当时煤炭与天然气价格差距加大（煤炭价格下降，天然气价格上涨）让发电厂不得不燃烧更多的煤，这意味着排放更多的二氧化碳，因此，电力生产商普遍对分配到的配额有短缺的预期，纷纷出手购买排放配额，成为碳交易市场最为活跃的参与群体之一。这是 EU-ETS 初期价格不断上涨的主要原因。

2. **“意外之财”**(windfall profits)

另一个关于 EU-ETS 第一阶段的主要批评是它给发电厂商带来了巨大的“意外之财”。欧盟的电力批发市场基本上是一个去管制的自由化竞争市场，碳定价带来的成本上升可以反映在竞争性批发电价的上涨之中。所谓“意外之财”，是指电力生产商将无偿分配得来的配额 (意味着零成本) 的市场价值反映在其电力供应报价中，从而获得的额外的、不劳而获的收益。可以这样认为，“意外之财”部分来自于配额的“机会成本”(opportunity cost，配额所应该具有的市场价值) 与“获得成本”(acquisition cost，管制对象为获得配额所支付的成本，在无偿分配的条件下是零) 之差。

3. **“热空气”**(hot air)

2004 年后中东欧 12 国加入欧盟使得西欧国家 (即原欧盟 15 个成员国) 在 EU-ETS 约束下的减排负担大大减轻，这实际上不利于欧盟整体的实际有效的温室气体减排行动。由于京都减排目标的设定是以 1990 年为基准年，而 1989 年年底柏林墙倒塌后中欧和东欧国家的经济崩溃和工业结构调整，使得该集团实际上不用做什么就已经完成了京都减排任务，而且还超额完成了相当一部分。这带来了排放配额顺差即所谓的“热空气”。因为它们不能代表来自积极的应对气候变化政策的减排量，反而使得西欧国家通过 EU-ETS 的交易和再分配作用能够轻易地获得这些低成本配额，从而在本国排放量实际上有所增加的同时还能实现纸面上的减排目标。

五、经验借鉴与政策启示

欧盟排放交易体系的实践带来的经验是全方位的和多层次的，比如快速行动，不求完美，实践中学习；公众参与，区别对待，减少反对；多重政策组合，保护投资，鼓励竞争等等。这些经验既有架构上的蓝本意义，也有法律和制度建设组织、机制实施细节的借鉴意义。在虚心学习 EU-ETS 取得的成功经验和教训的同时，也需要清醒看到，排放交易体系也不是万能的。即使在欧盟内部以及西方，对其也有很多批评的声音，其成效也没有得到广泛验证，各种质疑的声音也是不绝于耳，更何况西方和欧盟在推行它的同时，背后还有着许多复杂的政治、经济目的，我们承认它是基于市场的减排的有效手段和政策工具，但当前不一定适合中国的情况，至少目前中国国情下还很难简单照搬。实现应对气候变化需要整个产业链的创新。碳排放权交易只是实现这一目标的必要条件，EU-ETS 只是在整个欧洲建立一个通用信用体系进行排放权交易，仅仅依靠碳市场，远远达不到应对气候变化的目标。

1. 不完美的开局

EU-ETS 实施的第一阶段出现了很多问题，引起了广泛争论，可以说是很不完美；但之后欧盟对 EU-ETS 的改进也相当明显，尤其是 2008 年 1 月公布的修正 2003/87/EC 指令的建议书，对该体系的部分设计提出了重大改变。这恰恰是因为第一阶段的 3 年中 (2005—2007 年) 积累的经验、发现的问题、获得的教训让 EU-ETS 这个体系更加完善。快速展开行动，在行动中学习和不断改善，让不完美的开局渐入佳境，向完美靠近，这应该是 EU-ETS 经验给其他国家和地区最大的启示。

(1) 快速行动

欧盟从 2005 年开始试验阶段的决定在时间是非常仓促的，以至于 EU-ETS 的开发和实施时间表看起来就像一个“不可能完成的任务”：第一阶段的配额总量直到 2005 中才最终确定，在 2005 年 1 月 1 日 EU-ETS 正式启动之后还没有一个成员国准备好最终的国际分配计划，NAP 被提交、修改、批准和配额分配的过程一直贯穿了 2005 年和 2006 年年初。这造成了 EU-ETS 最初的表现有很多“粗糙之处”，而这种仓促恰恰表明了欧盟在一开始并不期望完美，一切为了快速行动。

对我国而言，欧洲人这种雷厉风行、注重实干的态度值得我们认真学习。虽然事前的大量研究和准备工作不可或缺，但很多问题只能从实践中发现，很多知识只能在行动中学习，很多研究只能在实证中开花结果，因此，尽可能快速地开展行动是让排放交易体系早日趋向完美的实践捷径。另外，快速行动还可以获得“先行者优势”，欧盟在 EU-ETS 率先实施之后于国际碳交易市场、气候谈判以及全球低碳行动中的领导者地位即是明例。我国未来的碳市场体系不仅应当参考欧洲经验尽可能快地进入行动，还能够学习其机制设计思路，在初期阶段尽可能地让政策容易实施和接受。

(2) 在行动中学习 (Learning by Doing)

欧洲在“行动中学习”的做法有些类似于我国的“摸着石头过河”的改革方式。

2. 碳市场的迅速金融化

欧盟碳市场的金融化非常迅速。这一点可以从欧洲几大碳交易所碳金融衍生产品的推出以及金融衍生品在碳市场的交易份额中看出来。例如，欧洲最大的气候交易所——欧洲气候交易所 (ECX) 从 2005 年成立之初就开始提供 EUA 期货交易服务。2006 年开始 EUA 期权交易。2008 年开始 CER 期权交易，2009 年又增加了 EUA 和 CER 当日期货 (现货) 合同交易。2007 年开始 CER 交易，整个产品范围包括：EUA 和 CER 现货合同、期货交易、远期合约和期权合约。另外提供 EUA 和

CER 场外交易的 清算服务。BlueNext 作为欧洲最大的碳现货交易所，从 2008 年也开始从事碳期货交易。另外，从 2010 年 1 月开始，BNX 开始提供 ERU 拍卖服务。拍卖方式为单轮、单一价格；最大数量为 40 万 ERU。根据世界银行 2010 年发布的全球碳市场发展报告，欧盟碳市场 2009 年交易额大约为 1185 亿美元，占全球碳市场总份额的 82%，其中期货交易又占欧盟碳市场交易额的 73%。

欧盟碳市场的迅速金融化为欧盟碳市场的发展乃至整个欧盟排放交易体系的建立发挥了重要的作用。从市场的技术层面来看，欧盟碳市场的迅速金融化吸引了大量的投资资本参与碳交易，刺激了交易的发生，增加了碳市场的流动性。从战略层面上看，碳市场的迅速金融化清晰表明了欧洲和全球金融界与投资界对于配额市场价值的肯定性判断，认可了欧盟排放交易体系在低碳转型中的重要作用，向欧洲企业界释放了强烈的碳价格信号，增强了欧洲企业界投资低碳技术的信心。可以说，欧盟碳市场的迅速金融化为欧盟排放交易体系的顺利建立、碳市场的繁荣发展和低碳技术的进步发挥了极其重要的作用。金融是经济的血液；金融资本的行业聚集是行业大发展不可或缺的一环。我国要实现经济低碳转型离不开金融资本向低碳领域的转移与聚集。碳市场作为低碳经济发展的指示性和引领性市场，同样离不开金融资本的参与和支持。欧盟碳市场的迅速金融化为我国碳市场指明了一个吸引和聚集金融资本、为产业界低碳发展提供了金融保障的方向，提供了碳市场如何金融化以及金融化的影响的鲜明特征，值得我们认真研究和参考。

3. 提高对温室气体排放权交易价值的认识

提高对排放权交易价值的认识需要自上而下推行，从国家到地方政府，一直到行业及企业乃至消费者层面。除相关宣传外，更重要的是有组织、有层次地深入了解欧洲以及全球的温室气体排放权交易机制，为进一步在中国建立及完善温室气体排放权交易机制进行充分的人才储备、知识储备和能力储备。

4. 积极适应新形势下的减排规则，加快温室气体排放权交易业务的发展

目前中国在参与最多的 CDM 项目交易中，还处于提供廉价资源的状态，处于市场和价值链的低端。这对于中国这样一个减排潜力大国来说，既是一种位置的失衡，又是资源的浪费。因此，有意识地培养相关方面专家和业务人才，建立中国自己的中介机构或服务行业，为国内 CDM 项目提供服务，是促进我国温室气体排放权交易，并更好地参与国际交易的有效手段。EU-ETS 相关法律与规章制度是国家间谈判的典范，“后京都时代”的全球气候谈判仍存在大量的不确定性，所以，总结 EU-ETS 内在的运作机制与经验教训，有助于中国加快适应新形势下的减排规则，采取相关对策，在全球应对气候变化的谈判过程中趋利避害，更好地保护中国的利益，赢得应有的发展空间。

5. 完善排放核算体系和方法

温室气体排放量和减排量的核算是所有温室气体排放权交易的基础。目前国内的排放核算缺失情况比较严重。要想参与和实施国内外的温室气体排放权交易，对各行业、企业、设备、工艺、装置等的排放清单相关核算应严格科学地进行，并建立相应的监督核查工作机制。

6. 政府和投资者共同努力，尽快进入国际碳市场

政府应鼓励国内机构投资者参与 CDM 市场，加快 CO_2 排放权衍生产品的金融创新、开展碳金融服务；投资者（主要是机构投资者）充分利用国内碳市场潜力巨大这样的有利条件，做实 CDM、集合大规模收购 CER 后进入 ECX 等进行二级 CER 交易的场所建立交易头寸获利；机构投资者也可以像中国银行或深圳发展银行那样，开发与 CDM 或 EUA 相关的碳金融工具，投入国内资本市场。

7. 政策调控与市场机制结合在应对气候变化中具有重要作用

EU-ETS 的实践证明，政策宏观调控可以与市场机制有效结合起

来。EU-ETS 这类跨国界的碳市场，是在欧盟委员会政策推动下一步步建立起来的，没有政策的支持，不可能在如此复杂的市场情形下，建立一个以全局成本最小化为目标的排放权交易市场。中国 30 年来的改革开放成果证明，宏观调控可以有效解决市场盲目性，用“有形的手”来影响“无形的手”。在应对气候变化的过程中，政府政策导向将发挥决定性作用，有着远大的应用前景。

8. 中国可以利用 EU-ETS 平台赢取更大的 CDM 项目收益，提高话语权

在可预期的将来，CDM 所带来的排放权将与 EU-ETS 更紧密地结合，中国是最大的 CDM 供应国，截至 2008 年 4 月，中国的减排量占全球的 51%。中国有利用 CDM 机制获得更多收益的潜力，随着经济全球化日益深入，EU-ETS 的不断完善和中国国内企业 CDM 经验的渐渐积累，无论是从获取定价权的角度，还是从获取更大收益的角度，中国均大有可为。

9. EU-ETS 给中国改善国内排放交易体系带来了机遇

EU-ETS 建立的是一个可监督的自由化竞争体系，它提供了成员方通过自由化获益的机制。期货期权等现代金融工具的应用，使得套期保值这一风险规避机制发挥了应有作用。这一市场机制，为国内的各类市场竞争体系的完善提供了很强的示范性。中国可以从这一规范的排放权市场汲取经验来改进中国国内的市场环境，扩大期货期权市场的市场份额，在赢得经济全球化利益的同时，最大限度地减少可能的风险与冲击。

第四节　欧洲排放交易制度的先行实践

在 EU-ETS 运行之前，欧洲有四个非常重要的排放交易体系实践，它们为 EU-ETS 的建立提供了有益的经验，从而为欧洲大规模开展碳交

易开了先河。其中，英国议会于2008年11月26日通过《气候变化法案》(Climate Change Act)，规定了使用国际减排信用额，实施碳预算计划，以及通过二次立法明确国内排放交易体系等内容，从而使排放权交易有法可依，走在了欧盟和世界低碳经济的前列。

一、英国排放交易体系（UK-ETS）

1. 概况

根据《京都议定书》的规定，欧盟15个签署议定书的成员国在2008年到2012年间，应在1990年的基础上实现温室气体减排，欧洲各国中，英国的表现最为积极。2007年11月，英国发布了《气候变化法案》草案，并进入立法程序，使英国成为将减排列入法律的第一个国家，该法案为今后50年英国应对气候变化规定了具体计划和目标。此外，英国已经从2001年开始征收气候税，也是在全球率先推出这一税种的国家。英国政府为实现其在《京都议定书》中的减排承诺，于2000年11月发布了英国气候变化计划(UK Climate Change Program，UK-CCP)，提出了多项措施，其中就包括建立排放交易机制(United Kingdom Emissions Trading Scheme，UK-ETS)，这是世界上第一个跨部门的温室气体排放交易机制，它为EU-ETS的设计和实施提供了宝贵经验。

UK-ETS实施时间是2002年4月1日至2006年底。参与主体涉及国内所有经济部门，交易标的为6种温室气体，以自愿参与并配合经济奖励、罚款等激励手段为主要特征。为了与欧盟排放交易体系对接，该体系于2006年底结束运作。[①] 英国排放交易体系作为全球第一个二氧化碳排放权交易市场，是英国政府建立的覆盖所有经济部门包括6种温室气体在内的国内贸易体系，以自愿参与并配合经济激励、罚款手段为特征。英国排放交易体系包括英国排放配额交易安排(ETS)和英国排放

① UK-ETS的直接参与者与协议参与者，在欧盟排放交易体系启动（2005年1月1日）之后、UK-ETS结束运作之前，可以因为参加了UK-ETS而申请从EU-ETS体系中暂时豁免。

配额交易团体(ETG)。有33个组织(直接成员)参加了UK-ETS，并自愿承诺到2006年底将其排放量相对于1998—2000年水平减少396万吨二氧化碳当量，共计减排1188万吨二氧化碳当量。此外，UK-ETS还与6000多家公司签订了气候变化协议，规定了企业在减排方面的目标，如果达到目标，企业的气候变化税将减少80%。2009年4月22日，英国政府宣布，将“碳预算”列入政府预算框架，从而成为世界上第一个把实现温室气体减排目标纳入法律框架的国家。这意味着今后英国政府的每项决策，都不仅要考虑钱上的收入和支出，还要考虑碳的排放和吸收。

首先开始的“碳预算”将以从2008年开始的三个五年为周期，每五年为一个减排周期，以设定英国到2050年时的碳减排路线。并且在2018年到2022年期间的排放，应至少要比1990年减少34%，这一目标相对2008年英国政府在《气候变化法案》中设定的减少20%的中期目标有所提高。

新出台的“碳预算”设定，英国温室气体排放在2012年末和2022年末，分别相对1990年水平减少22%和34%，以保证在2050年前达到至少减少80%的水平。英国政府表示，一旦在2009年12月的哥本哈根会议上达成全球气候变化协议，英国就将进一步增加“碳预算”。

在这次的碳预算中，英国政府计划建设不超过四个碳捕获及存储项目。在此之前，英国只有一个项目得到了授理。实现“碳预算”将要求整个英国经济体系减少排放。关于“碳预算”的一揽子措施，有益于环境，有益于创造就业机会，有益于能源消费者，同时有助于保证英国经济复苏并保证长远的未来是低碳和安全的。

2. 主要特征

(1) 多样性

英国排放交易体系的两类主要参与者为直接参与者(directive participants)和协议参与者，分别采用总量控制与配额交易和信用交易的模式。直接参与者是指于2002年3月通过竞拍获得英国政府2.15亿

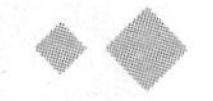

英镑补贴的34家企业，它们向政府承诺2002—2006年累计减排11.88吨二氧化碳当量，每年需要完成最终减排目标的20%，每个企业分配到的配额数量是根据其基线(baseline)[①] 减去每年承诺减排量计算得出的。发电厂[②] 等可通过特定减排项目的方式参与，感兴趣的个人、环保机构、经纪商等也能通过入场参与UK-ETS。

(2) 自愿性

英国排放交易体系的四种参与形式(直接参与、协议参与、项目参与和交易参与)都是自愿的，每个参与者都可获得一定的经济激励，这大大提高了企业假如UK-ETS的主动性。其中尤为值得一提的是减免气候变化税(climate change levy，CCL)激励。气候变化税是对工业等部门能源消费征收的税收[③]，企业可以通过自愿与政府协商商订气候变化协议(climate change agreement，CCA)承诺一个能源效率目标或绝对减排目标，如果达到目标可以获得最高80%的CCL减免，这部分参与者即为协议参与者(agreement participants)。协议参与者大致有6000家企业之多，这其中大多数都是为了获得80%的CCL减免而自愿加入UK-ETS。

(3) 先发性

UK-ETS运作的基本思路是“边做边学”，因为有很多体系设计细节根本无前例可循，例如通过谈判协商与企业签订自愿的CCA，基线设定和寻找最适基准年，通过拍卖将补贴激励和减排承诺对应以发现价格等等。虽然该体系存在一些问题，但大胆创新让政府和企业取得了明显的“先行者优势”(first-mover advantage)。对英国政府来说，UK-ETS为其后续推出的一系列低碳经济和气候行动计划积累了宝贵的经验财富；另外，UK-ETS建立的目标之一是将伦敦金融市场打造成为全球

---

① UK-ETS选择了企业1998—2000年的年平均排放量作为基线。

② 由于发电厂可以通过转换能源结构轻易地实现减排，因此为了避免造成市场的“供给泛滥”，UK-ETS将发电企业排除在正式体系之外，但允许它们通过项目方式参与。

③ 气候变化税于2001年4月生效，在向工业、农业和公共部门的能源用户供应能源时一次性征收。对于不同的能源类型税率不同。

环境配额交易的中心[①]。在今天看来，显然这一点是成功的。34家直接参与的企业在强制减排体系实施之前就得到了关于碳定价策略的经验；提供交易经纪和核证服务的外国公司得益于UK-ETS在英国建立了新业务，并将它们的品牌提前镌刻在了欧盟甚至更广阔的国际排放交易市场上。

二、丹麦二氧化碳交易体系

丹麦的二氧化碳交易体系(Danish Trading System)只限于电力部门的二氧化碳排放交易，这大约占到丹麦二氧化碳排放总量的1/3，而且不包括其他温室气体。

1999年6月，丹麦国会通过了一项采用总量控制手段来减少电力生产领域二氧化碳排放的决议，这是作为丹麦电力体系改革的一部分而存在的，它于2000年5月得到了欧盟委员会的批准，于2001年1月1日正式启动。它的减排目标是在2005年之前比1988年水平降低20%的二氧化碳排放，2001—2003年第一阶段设定的目标是排放总量从2001年的2200万吨降低到2003年的2000万吨。[②]

丹麦的二氧化碳交易体系在三个方面值得关注。首先是它的覆盖范围。总量控制目标针对丹麦境内所有的发电设施，即使部分设施产生的电力是用于出口的，由于出口电量每年的变化较大，因此这部分设施的排放量也有相当大的变化幅度。但也有例外，为了激励发电厂利用发电过程中的副产品高温蒸汽提供集中式区域供暖服务和其他工业应用，该体系还设计了一套复杂的规则使得全国近500家电力生产商中有10—15家被排除在二氧化碳排放总量控制之外。总体看来，丹麦电力部门排放量大约90%是在体系覆盖范围内的。其次，对所有管制对象，排放配额采用“祖父式”(grandfathering)分配方法，即基于各设施1994—1998年的排放水平免费发放配额，同时政府为新进入者预留一部分排

---

① The Place of UK Emissions Trading Scheme in the UK Climate Change Programme. http://www.ucl.ac.uk.

② Denny Elleman. *Tradable Permits for Greenhouse Gas Emissions: A Primer with Particular Reference to Europe*. 2000.

放配额。配额分配一年一次，每次发放的是下一年的配额，同时对下两个年度的配额分配给出最初步的指示迹象。最后但也是最重要的一个特点是该体系对违约的惩罚机制。超过排放许可限制的，每吨二氧化碳缴纳 40 丹麦克朗 (DKK) 罚金，差不多相当于 7 美元 / 吨二氧化碳。如此低的罚款水平是与丹麦出口电力需求的高波动性相关的。丹麦的电力生产以火力发电为主，又与以水电为主的挪威和瑞典电力体系完全整合在一起。因此，当区域降雨较少时，挪威、瑞典两国对丹麦电力出口的需求就会达到一个较高的水平，从而导致丹麦国内发电部门的二氧化碳排放量大增。在缺乏一个密集交易的国际市场的情况下，较低的罚款水平可以在电力出口需求的高峰期有效地抑制排放额价格上涨，使之维持在一个相对合理的水平上，也就是说，40DKK/ 吨二氧化碳的违约罚款相当于是“安全阀”(safety valve)，以此来确保排放设施的减排成本不超过一个规定的最高水平。

从这种意义上讲，丹麦的排放交易体系更像是采用了一个混合的“软”总量控制手段，因为它的减排效果只有在排放配额的市场结算价格低于 40DKK/ 吨二氧化碳的时候才表现出来。因此，它并不能确保丹麦实现《京都议定书》的减排承诺目标，必须和丹麦政府购买各种减排信用进行抵消的努力结合起来，这也解释了为何该体系在设计之初就为联合履约机制 (JI) 下的 ERUs、清洁发展机制 (CDM) 下的 CERs 以及其他可能出现的排放交易体系下的配额通过抵消机制进入预留了空间。

三、荷兰碳抵消计划

荷兰碳抵消计划 (Dutch Offset Programs) 是为了帮助荷兰更高效和低成本地履行《京都议定书》规定的减排义务，它主要是充分利用了《京都议定书》下的基于联合履约机制 (JI) 和清洁发展机制 (CDM) 的项目所产生的碳减排信用来实现其减排目标。

相比国内排放交易体系，荷兰政府长期以来较为支持通过 JI 和 CDM 来实现减排。这是因为 1998 年原欧盟 15 国签订《负担分摊协议》

时，荷兰国内的清洁能源利用和工业能效已经达到了一个相对较高的水平，在其能源结构中较为清洁的天然气几乎占到一半，国内大约有 1/3 的电力来自效率较高的热电联产装置，因此荷兰的减排成本相对较高，超过100欧元/吨二氧化碳。有研究表明①，荷兰的温室气体边际减排成本是欧洲其他国家平均边际成本的两倍还多。相比较而言，利用 JI 和 CDM 机制产生的相对廉价的减排信用抵消本国减排量，无疑是荷兰政府实现京都目标的一条经济有效的途径。

荷兰的碳抵消计划采用了多种工具，如表所示，除直接对 ERU 和 CER 发出公开采购招标外，还通过与合作金融机构签订购买协议、参与世界银行的碳基金等方式获得国际减排信用。例如，荷兰政府于 2000 年 5 月发布了第一个 ERUPT，购买在中东和东欧地区实施的 JI 项目所产生的 ERU，涉及 2270 万欧元的预算，最后有 23 家企业中标。它还与世界银行合作成立了荷兰清洁发展机制基金 (NCDMF)，支持发展中国家在清洁发展机制下产生减排信用的项目；又于 2004 年成立了荷兰欧洲碳基金 (NECF)，主要设在乌克兰、俄罗斯和波兰共同实施联合履约项目。荷兰政府预备了 6 亿欧元用于在国外购买总计为 1 亿吨二氧化碳当量的碳减排信用，这意味着荷兰在京都履约期内 (2008—2012 年) 每年可以使用 2000 万吨二氧化碳当量的抵消信用，相当于其需要减排量的一半左右。② 除了使用国际交易来的减排信用，荷兰政府还采用了自愿减排协议和标准管制的方法来履行减排义务。

---

① I.Capros, P. Capros,N. Kouvaritikas and L. Mantzos. *Economic Evaluation of Sectoral Emission Reduction Objectives for Climate Change: Top-dow Analysis of Greenhouse Gas Emission Reduction Possibilities in the EU*. National Technical University of Athens, Athens, 2001.

② 根据Point Carbon公司2003年6月13日《欧洲碳市场》，荷兰为了实现京都减排目标（6%），估计在2008—2012年每年相比BAU情景需要减排4000万吨二氧化碳当量。

表 4—2　荷兰碳抵消计划概览（单位：百万吨二氧化碳）[①]

工具		协议购买量	计划购买量
公开招标	ERUPT	8	
	CERUPT	8	
金融机构	CAF(CDM)	10	
	EBRD(JI)	6	
		21	
		10	
		10	
参与PCF、CDCF		4	
通过ERUPT、IBRD、IFC、CDM双边协议			23
合计		100	

资料来源：荷兰 2005—2007 年国家分配计划 (NAP)。

四、德国碳排放交易制度

1997 年签署的《京都议定书》要求发达国家在 2008—2012 年之间整体减少温室气体排放 5.2%，要求欧盟带头减少，削减 8%的温室气体排放。《京都议定书》给予德国的排放为降低 21%，涉及交通、工业、商业、服务业和居民住户等，年排放总额为 9.736 亿吨二氧化碳当量。为履行这一承诺，德国和欧盟积极协调，采取多种措施积极应对气候变化，并试图走在世界前列。在欧洲实行温室气体交易制度是德国应对气候变化而采取的重要的实质性行动。

1. 颁布有关排放交易法律、法规和政策，实施排放权制度

2003 年欧盟成员国第九次会议在米兰召开，会议决定施行温室气体排放交易制度，10 月 13 日欧盟发布了《欧盟排放交易指令》，根据指令，欧洲委员会制定“欧盟排放交易计划”，首次设定了二氧化碳排

① 协议包括关于项目的合同及与金融机构等签订的框架性合作协议，该表的数据统计时间是2004年3月1日。

放交易配额，其时，欧盟15个成员国同意按照京都议定书的承诺进行排放。2004年7月8日，德国正式颁布了《温室气体排放交易法》，2005年正式实施排放权制度，2005—2007年，德国环境保护局每年为1849台设备免费发放49900万吨二氧化碳排放额度，这个额度完全能满足在柏林城区420米云层下的建筑物排放。2008—2012年的碳排放预算将为1665台机器设备发放45186吨温室气体排放指标，排放证的减少有利于激励企业降低排放，保护气候。其中37907万吨为现有设备，4000万吨指标用于拍卖，2300万吨备用，979万吨用于新增企业需求。

2. 成立排放交易管理机构和排放交易机构

根据欧盟及德国法律、法规的要求，德国于2004年在联邦环境保护局下设立了德国排放交易处，负责排放权的确定、发放，进行排放交易登记、开户和管理、处罚等。排放交易处的职责是负责执行《欧盟排放交易指令》、德国《温室气体排放交易法》、《排放分配条例》以及《基于项目机制的德国条例》，负责京都议定书的执行和管理，负责国内的联合国清洁发展机制(CDM)交易管理，负责国家和国际的有关排放报告，制定全国的排放规划，负责国际合作、与欧盟的合作等。目前有130名员工负责排放交易。该机构成立后在12个月内创建了为欧盟范围服务的排放交易机构，并在2005年施行排放交易。欧盟温室气体排放任务的完成，基本是依靠碳排放交易来完成的。

2009年德国有1656家企业参与排放交易，欧盟有116000家企业参与，参与最多的是能源企业。2009年欧盟的交易量为20.83亿吨，而德国的交易量为4.52亿吨，占21.7%。

3. 公平分配免费额度，尽心做好排放管理

2002年联邦德国环境保护局开始排放权交易的准备工作，排放交易处成立以后，开始对所有企业的机器设备排放进行调查研究，确立排放标准。法律强制电站和高能耗行业的设备必须参与排放控制和交易，即功率在2万千瓦以上的设备，都必须实行排放最高限额限制和参

与排放交易，这部分设备的全部排放规模为 45186 万吨，占全部排放的 46.41%，而不在排放交易范围内的排放总额为 52174 万吨，占 53.59%。

为保障额度分配的公平，2008—2012 年的法案规定，免费的额度根据设备委员会考虑和能源使用设备的效率。工业设备和年排放二氧化碳当量低于 25000 吨的能源使用设备，依据其前期历史平均排放，每年要求降低 1.25% 的减排额度，其余 98.75% 是免费的，这个减少非常得当，完全可以满足工业企业的国际竞争需要，不会使企业产生负担；大的能源设备的额度分配，则要根据设备的历史产出 (电和热) 和个别产品的排放价值进行计算，使用燃料的转化也需要考虑。设备使用燃料的效率越高，额度削减得越少，但是，使用褐煤发电的州平均只有 50% 的免费额度，而使用现代无烟煤发电设备则得到 82% 的免费额度，用天然气发电则得到 92% 的免费额度。没有历史数据的新设备使用，将以相关设备的标准值进行计算。发电站的免费额度减少到 4000 万吨，占全部免费排放的 9%，排放权证在莱比锡能源交易所进行拍卖交易。排放处给予企业最高准许排放限额后，企业可以充分排放，也可以不排放或少排放，将未用的指标进行交易。排放处为每个企业核准排放限额，并进行登记，设立排放账户，类似银行账户。凡是进行买卖的，都必须到交易所 (莱比锡) 按照交易价格进行交易，排放处负责指标、账户、名称的核查、匹配和转账，购买者账户中收到指标后，要反馈收到这个指标的信息。也就是说购买在交易所进行，权力的转移通过管理处。排放交易指标账户每年结清平衡，下年另行核准。非排放设备实行认证和标签制度，必须达到规定的标准。如汽车的排放必须达到标准，一些城市明确禁止非绿色车辆进入。

4. 对排放进行检查、审核，对没有完成任务的企业进行处罚

每年二氧化碳排放的平衡是排放交易的核心，为平衡预算，排放报告必须属实，由独立的检验机构检验，然后经过胜任此工作的州权力机构，在下年的 3 月 31 日之前上报到联邦环境保护局。

为保障免费排放指标申请和排放的真实，每个设备运营商都必须向排放交易处上报排放年度计划，以及监控和测量设备排放的措施、计划的修改等。由州和区域当局核准控制计划。

设备运营商提交的申请分配指标和排放报告信息必须属实，并由多家检验机构检测数据，其聘请的机构必须提供权限和环境专家证明等资料。各检查机构接受公司电子清单数据，不仅检验数据准确性，而且要验证数据是否依据标准进行计算。根据法律规定，这些检验机构，在联邦环境保护局列有名单，或者完全是州内权威机构。

独立的第三方检验机构将企业排放报告的检验结论上报联邦环境保护局后，联邦环境保护局根据欧盟要求的标准进行真实性和兼容性(来自不同机构之间的数据不同，可以了解数据的真实性)核对，到4月30日，运营商必须提交排放配额和实际报告的排放数据，并进行登记，由交易处批准出售的证书数量。

企业如果完成义务太迟，将面临处罚，处罚为100欧元/吨，并影响明年的额度指标发放。此外，没有完成任务的企业，其排放证书将被收缴。2005年，处罚了180例，2006年58例，2007年32例，2008年21例。2009年到目前只有一例开出了处罚通知书，但企业正在行政法院上诉。

欧盟对没有完成排放要求的国家也有制度规定，原则上要求当年没有完成任务的，在以后的年份要达到，今后几年要进行补救，不然排除在排放交易之外，如保加利亚因为不能完成排放任务而被排除在欧洲排放交易之外。

德国碳排放交易制度的实施取得了良好效果。一是能源和高排放产业部门从2005年1月开始承诺参与排放交易，参与交易企业的排放额接近总排放的一半，带动了国内非交易企业的技术进步和节能降耗。二是扩大了影响。目前，已经有27个欧盟成员国和挪威、冰岛、列支敦士登加入了欧盟排放交易计划，这个计划包括了欧盟二氧化碳排放的近50%。三是提高了企业参与国家减排的积极性。到2009年CDM机制项目2443个，获得证书的排放交易额达到4.49亿吨，预计到2012年可以达到29亿吨，有60个国家的很多机构负责登记，检查是否符合本国可持续发展；四是碳排放控制使环境得到了显著改善。

第五章　美国、澳大利亚及日本的碳市场

第一节　美国区域性排放交易体系

无论是二氧化碳排放总量，还是人均碳排放量以及历史上累积的温室气体排放量，美国均位列世界前列，然而至今，美国尚没有一个全国性的碳税政策。在1981年到2000年这二十年间，美国能源消耗排放的温室气体占全世界的比例从25.56%下降到23.23%，接着又攀升到24.58%，从2000年以后，美国的这个比例一直在降低，但是仍然在20%以上。作为世界上温室气体排放量最大的国家，美国在应对气候变化问题上的立场和举措对国际社会的努力具有重要影响，美国能否承诺减排义务关乎国际气候制度建设谈判能否取得实质性成果。美国在前任总统布什任期内，退出了旨在控制全球温室气体排放的《京都议定书》，令国际社会倍感失望。美国先是否认全球气候在变暖，继而又不承认全球气候变暖是人类活动造成的，对于全球气候变化谈判也消极应对。2001年，时任美国总统布什在其刚上任的第一个时期里，既以“承担《京都议定书》对美国经济成本过高”为由拒绝签署《京都议定书》。美国联邦政府就此让出了在应对气候变化问题上的全球领导地位，但美国各级州政府并未停止在其权限范围内寻求气候变化问题的解决方案。鉴于二氧化硫排放交易机制在美国成功实施，美国州政府、商业界、环保组织、学术界与咨询专家均将碳排放交易机制作为应对气候变化的重要措施加以关注、研究和推进，并形成及正在形成数个区域性、州际性

碳排放交易体系。

一、美国区域温室气体行动

1. 美国区域温室气体行动概况

美国区域温室气体行动 (regional greenhouse gas initiative, RGGI) 是美国第一个强制性、基于市场的二氧化碳总量控制与交易体系，也是全世界第一个拍卖几乎全部配额，而不是通过免费发放形式运作的碳排放交易体系。

RGGI 由 RGGI 所覆盖的州的各自单独的二氧化碳预算交易体系 (budget trading programs) 组成。这些单独的体系均以 RGGI 的规则模型 (model rule) 为共同基础，由各州自行制定管制条理进行管理，并由“碳配额互惠” (allowance reciprocity) 规则相互联结。通过该规则，被管制的电厂可以用 RGGI 范围内任意一州签发的配额履行自己的减排义务。这样，这 10 个单独的体系联结在一起形成 RGGI 区域性碳交易市场体系。

2. 地域覆盖范围

RGGI 由位于美国东北部及中大西洋的 10 个州组成，分别是：康涅狄格州、特拉华州、缅因州、马里兰州、马萨诸塞州、新罕布什尔州、新泽西州、纽约州、罗得岛和佛蒙特州。

3. 行业覆盖范围

RGGI 管制的行业为单一电力生产行业。凡是 RGGI 区域范围内用化石燃料发电且超过 25 兆瓦的电厂 (RGGI 范围内约 225 家) 均须加入该体系，承担碳减排义务。

4. 总量与减排目标

(1) 总量控制

RGGI 的排放总量为 188076976 短吨[①](short tons)，约合 1.7 亿吨。RGGI 的排放总量分配到各州，各州再分配到州内所属排放源中。详细数据见下表。

表 5—1　RGGI 排放总量及各州排放量设定　　单位：短吨

康涅狄格州	10695036
特拉华州	7559787
缅因州	5948902
新罕布什尔州	8620460
新泽西州	22892730
纽约州	64310805
佛蒙特州	1225830
马里兰州	37503983
马萨诸塞州	26660204
罗得岛	2659239
总计	188076976

资料来源：RGGI MOU(RGGI 谅解备忘录)。

(2) 减排目标

2009—2014 年期间，RGGI 的减排目标是维持现有排放总量不变。从 2015 年开始到 2018 年，每年排放递减 2.5%，4 年共减排 10%。2018 年后的减排目标尚未设定，将根据美国是否实施全国性总量控制与交易 (Cap and Trade) 体系及 RGGI 区域内的经济发展、排放等情况来决定。

5. 生效日期其履约期间

(1) 生效日期

RGGI 自 2003 年开始筹备，经过 5 年多的努力，于 2009 年 1 月 1 日起正式生效。

(2) 履约期间

RGGI 的正常履约期间为 2 或 3 年，即 2009—2011 年是第一个履

① Short ton中文译为“短吨”，为美制国家的计量单位，1短吨=907.18公斤。

约期，2012—2014 年是第二个履约期，2015—2018 年是第三个履约期。在特殊情况下，即 RGGI 规定的安全阀触发条件下 (safety valve trigger event)，履约期将延长 1—4 年。

6. 筹备历程

2003 年 4 月，纽约州州长乔治 · 帕塔基 (George Pataki) 倡议成立州际性减排组织。

2003 年 9 月，来自康涅狄格等 10 个州的能源与环保机构负责人采纳筹备最终行动计划，正式启动各项筹备工作。

2004 年 1 月，RGGI 成立了规则模型工作组、情景模拟工作组、成本效益分析工作组、技术数据与分析工作组、利益相关者工作组等专业小组，并明确了各专业工作组的工作目标、工作进展及工作计划。

2004 年 4 月，RGGI 组织召开了第一次利益相关者工作会议，听取意见与建议。在其后 3 年里,RGGI 共组织了 12 次利益相关者工作会议。

2005 年 12 月，康涅狄格州等 7 个州的州长签署了 RGGI 谅解备忘录。在备忘录里，每个签署州承诺将共同开发该规则模型草案，并将基于该规则模型的碳排放交易计划提交各州立法和监管部门批准。此备忘录于 2006 年 8 月和 2007 年 4 月两次进行修改。

2007 年年初，马萨诸塞州和罗得岛及马里兰州先后签署了 RGGI 备忘录，使 RGGI 覆盖范围达到 10 个州。

2005 年、2006 年、2007 年，RGGI 分别组织了三次大规模的公众评论活动，分别对 RGGI 的总体情况、规则模型和拍卖规则听取公众意见和建议。

2008 年 9 月 25 日，RGGI 第一次配额拍卖正式开始，10 个州中有 6 个州参加了这次拍卖会，成交额达到 3835 万美元。

2009 年 1 月 1 日，RGGI 正式启动。

7.RGGI(RGGI Inc.) 公司的性质与任务

RGGI 公司是一家非营利性公司，于 2007 年 7 月在特拉华州成立，

公司办公室设在纽约市。RGGI 公司的目的是执行和发展区域温室气体排放交易体系。公司董事由 RGGI 体系 10 个州环保和能源利用公共部门的负责人组成，每州 2 人，共 20 人，其主要任务有以下 5 项：

(1) 开发并维护碳排放数据系统并跟踪配额分配与交易情况；

(2) 运行配额拍卖平台；

(3) 检测拍卖及配额交易市场情况；

(4) 为各州评估碳抵消项目提供技术支持；

(5) 为各州评估 RGGI 提供技术支持。

二、RGGI 排放交易体系的构成要素

1. 配额分配

(1) 总体分配规定

①各州管制机构在 2009 年 1 月 1 日前决定 2009—2012 年第一个履约期的配额分配。

②在 2010 年 1 月 1 日前及以后每年的 1 月 1 日前，各州管制机构分配 3 年后开始的每一年的二氧化碳配额。

③各州至少将 25% 的配额用于消费者受益或能源战略项目。

(2) 例外情况

①早期行动配额。

②可再生能源自愿购买保留分配。

③管制行业豁免保留分配。

2. 拍卖

(1) 总体情况

① RGGI 是全球第一个通过拍卖而不是免费发放的方式分配配额的总量控制与交易体系。

②所有 10 个州均可以参加拍卖；所有符合条件的参与者均可以参加拍卖。

③首次拍卖已于2008年9月29日举行，以后每季度举行一次拍卖，至2010年9月已举办8次。

④大多数拍卖所得将用于投资能源与清洁能源项目，预计各州对上述领域的投资将翻一倍。投资可再生能源和能源效率的回报率超过2∶1。

⑤拍卖后的配额二级市场价格一直比较高，该市场目前由芝加哥气候交易所独立经营。

(2) 拍卖方式

①拍卖每个季度举行，每个拍卖单位为1000个配额，即1000吨二氧化碳。初期拍卖以单轮、统一价格和暗标拍卖的方式进行。后期在维持统一的拍卖方式的前提下，可以转化为使用多轮、价格上升的拍卖方式。

②配额将根据各自分配年的不同指定生效日期。在每一个履约期内使用的配额，将由各州在该履约期内提前进行拍卖。

③初次拍卖设立底价，为1.86美元/配额，约为IFC国际咨询2009年模拟配额价格的80%。以后每次拍卖的底价将高于这一价格。

④任何没有拍卖成功的配额将会转结到下次拍卖，以下次拍卖时的市场价格计算底价。

⑤ RGGI将在每次拍卖前至少45天公开拍卖的相关信息。

(3) 成交情况

详细数据如表所示。

表5—2 RGGI前6次拍卖收益（单位：美元）

	第1—5次拍卖	第6次拍卖	总拍卖金额
康涅狄格州	22770583	3768354	26538937
特拉华州	9841870	1657181	11499052
缅因州	13507410	1739197	15256607
马里兰州	84793995	11477583	96271577
马萨诸塞州	69650857	9444241	79095098
新罕布什尔州	15250316	2911034	18161349

续表

	第1—5次拍卖	第6次拍卖	总拍卖金额
新泽西州	51526160	3829953	55356113
纽约州	155299078	25379639	180678717
罗得岛	6978051	944536	7922587
佛蒙特州	3216669	435402	3652071
合计	432834987	61587121	494422108

资料来源：Environment Northeast，RGGI Allowance & Auction Proceeds Distribution Plans，2009。

三、监测与报告

(1) 总体规定

①安装、验证和数据计算。管制对象应当按照 RGGI 的规定安装必要的监测系统，并且成功完成监测系统所有必需的验证性试运行，保质保量记录和报告来自监测系统的数据。

②履约日期。

③报告数据。

④禁止规定。

(2) 重新验证程序

无论何时，如果管制对象替换、修改或改变经过验证的监测系统，且管制机构判定可能影响监测系统准确记录数据的，管制对象必须对监测系统进行重新验证。

(3) 失控期

无论何时，一旦监测系统无法满足质量保证和质量控制规定或者数据有效性的规定，该数据应当由按照其他规定的程序计算出来的数据取代。

(4) 记录保存和报告

管制对象应当按照季度向管制机构报告监测数据。

四、碳抵消

RGGI 允许管制对象使用管制机构分配的碳抵消配额履行碳减排义务。碳抵消配额是由管制机构根据碳抵消项目的开发者或所有者的申请发放的。RGGI 要求碳抵消项目减少的碳排放量或者碳信用注销封存量必须是真实、额外、可验证、可执行和永久性的。

五、排放转移

RGGI 认识到排放交易体系的实施可能导致区域范围外的电力输送和相关的排放转移。为解决这一问题，RGGI 迅速在 2006 年 4 月 1 日前，成立跨州的工作组，由各州能源与环境保护部门的代表组成。工作组负责寻求应对排放转移的各项措施，不仅要考虑各项措施对减少排放转移的作用，还要考虑各项措施对能源价格、配额价格、电力系统可靠性以及各州整体经济的影响，并于 2007 年 12 月底前形成结论性报告。

六、柔性机制

柔性机制是指在不影响排放交易体系目标实现的前提下，为增强管制对象履约能力，降低排放交易体系对归置对象的履约成本以及对排放交易体系覆盖的区域内的电力碳市场、电力市场、电力供应的安全性和区域经济的潜在影响而设计的灵活履约机制。

1. 履约期延长

RGGI 正常履约期为 3 年，在特殊情况下可延长最多 4 年，所谓特殊情况就是“安全阀触发机制”。

2. 配额储备

RGGI 允许储备配额、碳抵消配额和早期行动信用，并且没有任何限制。

3. 配额借贷

RGGI 不允许进行配额借贷。

4. 安全阀触发机制

RGGI 为了保证配额市场的稳定性和可靠性，防止配额价格的剧烈波动，设计了安全阀触发机制，在该机制实施时，管制对象的履约期由 3 年延长至 4 年。

5. 碳抵消触发机制

碳抵消触发机制是 RGGI 设计的防止配额价格剧烈波动的另一个柔性机制，作用与安全阀处罚机制相同，并可以与安全阀触发机制配合作用。

第二节　美国西部气候行动倡议

一、概况

西部气候行动倡议 (Western Climate Action Initiative，WCI) 是原有“西海岸气候倡议” (West Coast Climate Initiative) 和“西南州长气候倡议”(Southwest Governor’s Climate Initiative) 的延伸和扩大。2007 年 2 月，亚里桑那州、加利福尼亚州、新墨西哥州、俄勒冈州和华盛顿州的州长签署了西部气候行动倡议备忘录，正式发起该组织，后来蒙大拿州和犹他州以及加拿大的不列颠哥伦比亚省、曼尼托巴省、安大略省、魁北克省先后加入。目前，WCI 仍处于机制设计和筹备的最后阶段，许多重要机制还停留在建议和提案层面，尚未最后定论。

1. 地域覆盖范围

WCI 覆盖的范围包括美国 7 个州和加拿大 4 省，分别是美国的亚里桑那州、加利福尼亚州、新墨西哥州、俄勒冈州和华盛顿州、蒙大拿州和犹他州，以及加拿大的不列颠哥伦比亚省、曼尼托巴省、安大略省、魁北克省。WCI 允许美国其他州、加拿大的省及墨西哥的州担任观察员。只要相关州、省提出申请，并获得 WCI 的批准即可成为 WCI

的观察员。目前WCI的观察员州或省达13个之多，分别来自美国、加拿大和墨西哥3国，具体包括美国的阿肯色州、爱达荷州、科罗拉多州、堪萨斯州、北弗吉尼亚州和怀俄明州；加拿大的萨斯喀彻温省；墨西哥的下加利福尼亚州、奇瓦瓦州、科阿韦拉州、新莱昂州、索诺拉州、塔毛利帕斯州。

2. 行业覆盖范围

WCI的行业覆盖范围非常广泛，囊括了几乎所有的经济部门，其具体标准是：

(1) 以2009年1月1日之后最高的年排放量为准，在排除燃烧合格的生物质燃料产生的碳排放量后，任何年度排放超过25000吨二氧化碳当量的排放源均是WCI的管制对象。

(2) 任何WCI区域覆盖范围内第一个电力输送商，包括发电商、零售商或批发商，只要其2009年1月1日之后的年碳排放量超过25000吨，须纳入WCI管制体系。

(3) 从2015年开始，WCI区域覆盖范围内提供液体燃料运输的运输商以及石油、天然气、丙烷、热燃料或其他化石燃料的供应商，只要其提供的燃料燃烧后年度产生的碳排放超过25000吨，也须纳入WCI管制体系。

3. 减排目标

WCI目前设定的减排目标为：2020年在2005年的基础上减排15%。

WCI覆盖所有6种温室气体，包括所有的主要排放行业，包括交通和其他燃料。与RGGI和EU-ETS相比，WCI管制的气体种类更为广泛。

到2015年，WCI将覆盖WCI区域范围内所有州、省碳排放总量的90%。而RGGI之覆盖约28%，EU-ETS覆盖约40%。

4. 生效日期

WCI于2012年1月1日正式生效，但WCI区域范围内并不是所有的州、省均自2012年起加入总量控制与交易体系。

二、西部气候行动倡议的筹备

WCI 的筹备工作以专业委员会的方式进行，专业委员会再设立特别工作小组完成特定的工作任务。此外，WCI 观察员也可以参加 WCI 设立的各专业委员会。目前，WCI 共设 6 个工作委员会，即报告委员会、总量控制与配额分配委员会、市场委员会、电力委员会、碳抵消委员会、辅助政策委员会，以及一个模型组，即经济模型组。

三、西部气候行动倡议的构成要素

1. 灵活履约机制

WCI 进一步发展了 RGGI 及其他排放交易体系关于灵活履约方面的机制设计，提供更多、更灵活的履约方式，帮助 WCI 管制对象降低履约成本。

(1) 允许以限定数量的碳抵消配额和其他认可的履约方式完成履约义务。以碳抵消配额或其他认可的履约方式完成履约义务不超过其总配额义务的 49%。

(2) 无限制的配额储备。WCI 对配额储备未作任何限制。

(3) 跨年度的履约期间。WCI 借鉴 RGGI，将多个年度归为同一个履约期间。虽然目前尚未决定具体是 2 年、3 年或是 4 年，但跨年度的履约期间已成定局。

(4) 跨州、省、广泛经济行业部门的碳排放交易体系。虽然 WCI 各州、省各自建立自己的排放交易体系，但均可连接在一起形成更为广阔的碳排放交易市场。另外，WCI 覆盖几乎所有经济部门，为管制对象提供更为广泛和更为充分的市场基础。

(5)WCI 允许各州、省建立配额储备，在市场配额价格太高时抛出，以稳定市场价格，降低履约成本。

(6) 管制对象可以使用下一个履约期的限定数量的配额。WCI 禁止从未来的履约期借贷配额来完成现在的履约义务，但在现在的履约期将要结束后可能放宽，因为有时可能有部分未来履约期的配额已经在市场上流通。

(7) 特殊目标配额群或其他机制可能被用来应对单独的区域或行业的高价格问题。

2. 拍卖

目前 WCI 工作组建议拍卖采取暗标、单轮、统一价格的方式进行。拍卖将以季度为单位举办。拍卖没有底价，未来履约期的配额可以提前拍卖，每 1000 份配额为一个拍卖单位。为防止市场操纵现象出现，拍卖附带有购买数量限制。

3. 与其他排放交易体系的连接

为了增强 WCI 与美国其他州及联邦政府、加拿大政府的沟通与合作，WCI 特别指定了专门的美国国内合作联系人和加拿大合作联系人。此外，WCI 还特别注重与现有和正在开发的总量控制与交易体系相连接。

(1) 连接的条件

WCI 要求待连接的碳排放交易体系具备以下条件：

①该碳排放交易体系为总量控制与交易体，已设定具有约束力的、逐年递减的碳排放目标；分配限定数量的配额以及排放交易体系覆盖一个或多个经济部门。

②该碳排放交易体系包括执行机制。

③该碳排放交易体系必须能够在所有的参与州、省之间传播所有关于区域性市场的信息。

④该碳排放交易体系对商业机密信息的保护与 WCI 同等。

(2) 双边连接

一旦 WCI 参与州、省决定与符合上述条件的其他碳排放交易体系的参与方建立双边连接，即意味着双方承认双方的排放交易体系是兼容的，并且：

①互相承认对方的履约工具是有效的。

②承认一旦某些履约工具被用来履约后，该履约工具在对方的排放交易体系中不再使用。

③确保配额跟踪系统允许履约工具在双方之间转让。

(3) 单边连接

①在未建立双边连接之前，可建立单边连接，允许管制对象提交来自经过批准的排放交易体系的履约工具来完成履约义务。

②在单边连接情况下，WCI 参与州、省将建立合适的机制来保证外部的履约工具只能使用一次且不能在其他排放交易体系中使用。

第三节　中西部温室气体减排协议

一、概况

中西部温室气体减排协议 (Midwestern Greenhouse Gas Reduction Accord，MGGA) 是 2007 年 11 月 15 日由美国伊利诺伊州、爱荷华州、堪萨斯州、密歇根州、明尼苏达州和威斯康星州州长以及加拿大曼尼托巴省省长共同签署的，要求建立中西部区域性总量控制与交易的体系。MGGA 当前仍然处于机制设计与筹备中。

1. 地域覆盖范围

MGGA 覆盖美国中西部 6 州，分别是伊利诺伊州、爱荷华州、堪萨斯州、密歇根州、明尼苏达周和威斯康星州以及加拿大曼尼托巴州。MGGA 的观察员州包括美国的俄亥俄州、南达科他州和印第安纳州以及加拿大的安大略省。

2. 行业覆盖范围

(1)MGGA 的行业覆盖范围十分广泛，基本包括了所有的经济部门、电力生产和输入部门；工业燃料部；工业处理部门；不在上述范围之内的民用、商用和工业建筑燃料部门；交通燃料部门。

(2) 基准条件：年度碳排放超过25000吨的排放源；任何MGGA区域覆盖范围内第一个电力输送商，包括发电商、零售商或批发商，只要其年碳排放量超过25000吨，须纳入MGGA管制体系；MGGA区域覆盖范围内提供液体燃料运输、石油、天然气、丙烷、热燃料或其他化石燃料的供应商，只要其产生的碳排放超过25000吨，也必须纳入MGGA管制体系。

3. 减排目标

(1) MGGA减排的气体范围为国际气候条约中规定的6种温室气体。

(2) 减排目标：至2020年，在2005年基础上减排20%；至2050年，在2005年的基础上减排80%。

(3) 顾问组建议应根据未来科学证据、技术发展和交易体系运行成果对减排目标进行实时评估和调整。

(4) 不同行业的减排目标应与行业现有碳排放在总的碳排放中的比例一致。

(5) 明确提出与MGGA、WCI、EU-ETS和其他强制温室气体排放交易体系相连接。

(6) 建立低碳技术商业化基金，扶持低碳技术的试验、应用和商业化推广。

4. 生效日期

MGGA第一个履约期开始于谅解备忘录正式实施之后至少12个月后的第一个日历年。

二、中西部温室气体减排协议的构成要素

1. 配额分配

MGGA认为，从理论上讲，如何分配配额由各参与州、省自主决

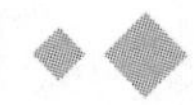

定，但其顾问组建议如下：

(1) 每个州、省拿出 2% 的配额建立配额储备库，在市场顾问和成本控制委员会的帮助下用于防止配额价格过高或过低。

(2) 无论配额是拍卖方式还是分配方式，建议各州、省建立强有力的法律机制保护配额收益，以确保配额收益不被用于与气候变化无关的目的。同时确保配额收益的使用透明并被监督。

(3) 建议各州、省建立机制防止管制行业获得“意外之财”。

(4) 建议各州、省采取拍卖和分配相结合的方式分配配额。

2. 履约期间

MGGA 的履约期建议为 3 年。

3. 配额储备

MGGA 允许配额的无限制储备。

4. 配额借贷

(1) MGGA 允许从当前履约期开始不超过 2 年、不超过 20% 的配额借贷。

(2) 借贷的配额到期必须偿还，而且必须支付利息，利息等于借贷的配额数量乘以一定的比例。具体的比例由借贷配额的日历年和配额的生效年之间的差数决定。

5. 碳抵消

(1) 碳抵消项目减少的碳排放量或者碳信用注销封存量必须是真实、额外、可验证、可执行和永久性的。

(2) 碳抵消项目的协调区由区域管理机构负责，符合一州的条件应当在其他州、省有效。

(3) 碳抵消配额最多可抵消 20% 的履约义务。

(4) 碳抵消项目的地点应当在 MGGA 所在州、省或其他与 MGGA

签署 MOU 的州或省。

5. 随着 MGGA 的发展，可以考虑是否接受 CDM 或 JI 的碳抵消项目。

第四节　加州总量控制与交易计划

2010 年 12 月 6 日，加州环保局空气资源委员会 (Air Resources Board of California Environment Protection Agency) 批准了加州总量控制与交易计划 (California Cap-and-Trade Program)，为加州启动本州范围内的强制性碳配额交易市场奠定了基石。鉴于加州强大的经济实力和碳排放总量，加州总量控制与交易计划将对美国和全球碳排放交易体系的发展起到重要的促进作用。由于迄今为止加州空气资源委员会尚未对外公布批准后的加州总量控制与交易计划设计细节，本书将以空气资源委员会加州总量控制与交易计划专家于 2010 年 10 月提交空气资源委员会要求审议的设计文本为蓝本，对加州总量控制与交易计划进行介绍。

一、AB32 法案与加州总量控制与交易计划

"加州全球变暖解决法案 2006" (California Global Warming Solutions Act of 2006)，即 AB32 法案 (Assembly Bill 32)，于 2006 年由时任加州州长施瓦辛格签署。它是加州在应对气候变化领域具有开创性和领先性的法律。AB32 法案的目的是以成本效益最优的方式到 2020 年将加州温室气体排放降至 1990 年的水平。

为了实现 AB32 法案的法定减排目标，减轻对化石燃料的依赖，刺激清洁和高效技术的投资以及提高空气质量和公共健康，加州制定了应对气候变化的综合性计划，即"加州气候变化范围计划" (California Climate Change Scoping Plan)。"范围计划"于 2008 年由空气资源委员会批准通过，提出了实现 AB32 法定目标所需要的系列性、协调一致的方案，包括以市场机制为基础的履约机制、绩效标准、技术规定和自愿行动。

加州总量控制与交易计划是所有减排策略的关键。它将为加州 85%

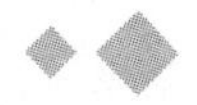

的温室气体排放设定排放限额，形成驱动长期清洁投资和能源高效利用投资的价格信号并赋予管制对象寻求和执行减排温室气体最低成本方法的灵活性。它将与其他温室气体减排措施和手段相互协调来减排温室气体。例如，加州更清洁车辆标准、低碳燃料、可再生能源发电和能源效率等。加州总量控制与交易计划同时也是对加州现有减少标准空气污染物和有毒污染如排放的各项努力和措施的补充与支持。

加州总量控制与交易计划和覆盖范围更为广泛的“范围计划”为美国联邦政府、州政府或多州联合的区域层面采取措施应对气候变化提供了榜样。通过推动加州总量控制与交易计划，加州一方面稳固了加州经济在全球应对气候变化的行动中的领先地位并从中获益，另一方面也对美国和全球应对气候变化起到了催化作用。

二、加州总量控制与交易计划的基本组成部分

1. 管制范围

(1) 行业范围

加州总量控制与交易计划将覆盖加州温室气体的主要排放源，包括炼油设施和发电厂、工业设施和交通运输燃料。从 2012 年开始，交易计划将覆盖发电行业，包括输入电力和年温室气体排放量大于或等于 25000 吨二氧化碳当量的大型工业排放源和工业处理过程。交易计划从 2015 年开始将扩展到燃料分销商，以应对来自运输燃料燃烧以及天然气和液化气燃烧产生的排放。

(2) 温室气体范围

加州总量控制与交易计划覆盖的温室气体包括二氧化碳等 6 种气体。加州总量控制与交易计划 2014 年将覆盖加州温室气体总排放的 37%，2015 年将燃料分销商纳入后覆盖加州温室气体总排放的 85%，并可以继续扩展。

(3) 实体范围

加州总量控制与交易计划的管制对象是那些超过年度报告初始量因

此具有强制履约义务的实体，包括大型工业排放源的运营者、电力第一个输送者（输送电力给加州电网的第一个实体）和燃料供应者。管制对象的来源、管制点及其纳入交易计划管制的时间都有明确规定。

2. 管制目标

加州总量控制与交易计划的目标是到 2020 年将加州温室气体排放降至 1990 年排放水平。

3. 管制阶段

加州总量控制与交易计划分为 3 个阶段，同时也是 3 个履约期。

(1) 第一阶段：2012—2014 年。

(2) 第二阶段：2015—2017 年。

(3) 第三阶段：2018—2020 年。

4. 总量与配额设置

(1) 总量设置

加州总量控制与交易计划 2012 年开始的总量约为 1.658 亿吨。总量随着时间的推移每年下降。到 2015 年，随着新的行业纳入交易计划，总量将加入 2015 年预测的新纳入行业产生的排放量，最终约为 3.945 亿吨。总量从 2015 年开始下降，直至 2020 年。为了保证总量设定的严格性，加州总量控制与交易计划在 2020 年的总量设定为 3.34 亿吨，满足加州 AB32 法案减排目标。

(2) 配额设置

加州总量控制与交易计划 2012 年年初的配额总量为 2012 年预测的管制对象的排放量。2015 年，配额总量将增加，以加入新纳入行业的排放量。

加州总量控制与交易计划到 2020 年的目标是实现 AB32 法案中规定的全经济部门的目标。基于空气资源委员会“自上而下”的温室气体排放清单库，加州原先对 2020 年预测的总量约 3.65 亿吨。随着强制报

告规则的通过及实施，空气资源委员会拥有更好的数据来更准确地预测2020年的排放，因此最后将2020年的总量调整为3.34亿吨。在确定2012年、2015年和2020年的配额总量后，又确定了每年的配额总量。2012—2014年和2015—2020年，总量将呈线性下降。

5. 履约期间

加州总量控制与交易计划规定了3年履约期，以增加履约灵活性，应对电力行业年度排放变化可能导致的价格波动。同时要求管制对象每年提前提交部门履约义务以确保他们有能力完成履约义务。防止出现管制对象在3年履约期末完成履约义务之前宣布破产或停止运行而导致无法履约的情况。

(1) 年度履约义务

在每个履约期的前2年，管制对象每年必须提交占其经过核证的年度实际排放量的30%的证明。

(2) 每3年的履约义务

每3年的履约义务为管制对象的3年总的核证排放量，减去前2年每年提交的配额数量。空气资源委员会将与管制对象共同合作解决与核证有关的数据问题。在空气资源委员会确定每个管制对象的履约义务之后，将决定管制对象是否已经提交了充足的履约工具。

(3) 未及时提交履约工具

任何超过管制对象在截止日期之前提交的履约工具数量的排放将被视为过度排放，管制对象将接受过度排放条款的制约。每过度排放1吨二氧化碳，将需要提交4份配额。为了避免限制配额的总供给，提交的4份配额中的3份将转入配额价格储备，可用于出售。其中的一份将被注销来完成管制对象原来的履约义务。

三、加州总量控制与交易计划的配额分配

加州总量控制与交易计划实行免费分配与拍卖相结合的分配方式。具体包括以下5种分配形式：为了达到控制成本的目的建立配额价格控

制储备、为了帮助转型和防止排放转移免费分配给工业行业、为了付费人的利益免费分配给电力输送部门、自愿可再生能源购买预留以及拍卖剩余配额。

1. 建立配额价格控制储备

加州总量控制与交易计划建立配额价格控制储备机制，允许管制对象以固定价格向配额价格控制储备机制购买配额，以增加市场配额的供给，缓和市场价格的波动幅度。

2. 免费分配给工业行业

加州总量控制与交易计划建议出于以下两个目的，将大部分配额免费分配给工业行业，一是为了帮助工业行业实现转型；二是防止工业行业排放转移。提供免费配额帮助工业行业实现转型是为了在交易计划初期避免突然或不合适的短期经济影响，促进工业行业向低碳经济转型。

3. 免费分配给电力输送部门

电力输送部门为住宅和小型商业消费者提供供电服务。这些电力输送部门包括投资者所有部门 (Investor Owner Utilities，IOUs) 和公共所有部门 (Publicly Owned Utilities，POUs)。加州总量控制与交易计划建议将配额分配给电力输送部门，而不是发电者，因为电力输送部门是使用配额的价值为付费者输送利益的最佳选择。

4. 自愿可再生能源购买预留 (Voluntary Renewable Energy Allowance Set-Aside)

交易计划将预留一小部分应对总量控制与交易计划对自愿可再生能源市场的潜在影响。现在个人购买可再生能源的决定是可以减少加州温室气体排放的。总量控制与交易计划的实施可能改变现在的状况，因为允许排放的总量已经预先确定了。从本质上讲，自愿购买可再生能源可

能减轻对温室气体排放者的管制负担。

5. 剩余配额拍卖

管制对象、自愿管制对象和自愿关联实体可以参加通常的季度性拍卖以购买配额。没有免费分配给工业行业和电力输送部门的配额的拍卖收入，将由州政府获得，用于公共利益。

四、成本控制机制

成本控制机制的目的是在不损害环境完整性的前提下最小化减排成本。提议中的部分成本控制机制包括 3 年履约期、配额储备、抵消信用、配额价格控制储备和与其他交易计划相连接。

1. 3 年履约期。加州很多排放源的温室气体排放每年的变化非常大，如水力发电温室气体排放在枯水年较少。3 年履约期允许它们缓和这种影响。

2. 配额储备。无限制，鼓励早期大幅度减排。

3. 抵消信用。允许抵消信用用于完成部分履约义务。交易计划共允许最多 2.32 亿吨的抵消信用使用 (2012—2020 年)。每个管制对象只允许使用抵消信用完成最高 8% 的履约义务。与配额价格控制储备结合起来，抵消限制将确保绝大部分的减排源于管制对象的自身减排。

4. 配额价格控制储备。加州总量控制与交易计划建议成立配额价格控制储备。该储备是一个账户，在交易计划开始时直接从配额总量中划拨特定数量的配额存入其中。管制对象可以以特定的价格在每个季度的直接出售中购买储备中的配额。通过获得储备中的配额，管制对象在市场配额价格高或预期会上升时增强了其履约的灵活性。

5. 为了确保配额价格不至于过低，管制建议中设定了拍卖底价，每吨 10 美元。拍卖中未能出售的配额将划入配额价格控制储备。当并不是所有拍卖的配额价格高于底价时，这种情况可能发生。

6. 与其他交易计划相连接。可获得更多的减排机会，市场扩大，流动性增强，碳价更稳定。这需要由空气资源委员会进行审议和批准。

第五节　美国区域排放交易体系的特点与借鉴

美国虽然在联邦政府层面没有像欧洲那样实行强制减排，但在州政府层面实际上已经做了大量工作。总体上美国碳市场有三个特点，第一是其多层次碳市场，具有自愿加入、自愿减排项目市场，也有这种自愿加入、强制减排自愿配额市场，更有这种强制加入、强制减排双强市场。第二是美国具有多样化碳产品，包括 CCX、VER、芝加哥气候期货交易所。第三是美国碳市场具有多元化结构。

一、美国区域排放交易体系的特点

1. 具有鲜明的美国政治和经济烙印

客观上讲，美国独特的政治生态和经济制度成就了美国区域排放交易体系，使得这样一种区域性的碳交易体系成为可能。第一，碳排放交易体系必须建立在碳本身的稀缺性上，而碳的稀缺性需要从法律上强制性地设定温室气体排放总量，并逐年减少以保持其稀缺性。由于美国于 2001 年宣布退出《京都议定书》，制定全国性的总量控制法律在政治上和法律上均不可能。但美国各州却可以利用美国宪法赋予各州的立法权限，先行制定各州自己的温室气体总量控制法律。特别是在环保团体力量较强、经济部门更具优势的州，如东北部各州和加州，这种可能性最容易成为现实。第二，美国环保界与企业界对于排放权交易有成熟、成功的经验可供借鉴，从而为制定碳排放交易体系奠定了坚实的现实基础。第三，美国能源行业，如石油行业、电力行业，在美国政界拥有强大的政治影响力，布什退出《京都议定书》以及反对美国设置全国性碳排放总量就是明证。在这种情况下，美国区域性排放交易体系最可能出现在美国东北部经济发达且传统能源巨头影响力相对较弱、环保团体力

量较强的地区。这也是 RGGI 能够成为美国第一个区域性碳排放交易体系的重要原因之一。

2. RGGI 成功引领美国区域性排放交易体系建设浪潮

RGGI 是美国第一个区域性排放交易体系，无疑开创了美国区域排放交易体系的先河，并在以下方面成功引领了美国区域排放交易体系建设的潮流：第一，先进的理念和极大的魄力。RGGI 的设想开始于 2003 年，当时《京都议定书》的生效仍处于风雨飘摇中，欧盟排放交易体系仍然在筹备期，全球对于利用市场机制实现碳减排并无信心。在这样的背景下 RGGI 的制定需要超前的眼光和勇于冒险的精神。第二，规则模型。第三，创新的灵活履约机制。第四，其他重要机制，如碳抵消、预防排放转移以及组建单独的排放交易体系管理和运营机构等，也为后来的 WCI 和 MGGA 提供了很好的模板和参照。

3. 行业均是区域排放交易体系关注的焦点

在美国现有区域排放交易体系中，电力行业一直是各个排放体系重点关注的行业部门，甚至 RGGI 只覆盖了电力行业这一部门。WCI 和 MGGA 虽然覆盖的经济部门更为广泛，但对于电力行业的重视没有削弱。WCI 设有专门的电力委员会，但其覆盖范围中很重要的一条就是 MGGA 范围内的第一个电力输送商，包括电力生产商、零售商和批发商，须对自己生产、传输、销售的电力产生的碳排放负责，极大地扩展了电力行业被管制对象的范围。

究其原因，一方面是因为电力行业是碳排放的重要来源，电力行业数据基础好，监测与报告设施与渠道相对健全；另一方面也是因为电力行业不参与国际竞争，甚至国内竞争也不激烈，对整体经济的影响尚在可控制范围之内。

4. 区域排放交易体系的行业覆盖范围不断扩大

RGGI 作为美国第一个区域性排放交易体系，为慎重起见，只覆盖了电力行业一个部门。但WCI和MGGA均相应扩大了其排放交易体系的行业覆盖范围，基本都扩大至所有经济部门。这是建立在近期美国学术界对于排放交易体系的最新研究成果的基础之上的。

5. 配额拍卖的分配方式日益普及

RGGI是全球第一个完全采取拍卖，而不是免费分配的配额分配方式的排放交易体系。这一点与EU-ETS形成强烈的反差。RGGI从开始运营即采用拍卖的方式，而且实践中各州均拍卖了100%的配额。正在设计中的WCI和MGGA均提出了拍卖的分配方式。其中MGGA也是采取阶段性方式推进拍卖，在“转型期”内，拍卖的比例受到限制，待“转型期”结束后全面转向拍卖方式。即使在“转型期”内，除拍卖之外的配额分配也是采取缴费发放的形式，只是费用是固定的，而且可能比市场价格低。

这种趋势是环保界与学术界对于碳排放公平性考虑的结果。根据历史排放进行免费分配的方式极大地鼓励了对碳排放负有历史责任的高污染企业，使得它们可以根据过去的污染行为而无偿获利，违反了“谁污染，谁付费”的基本环保原则，引起了环保界和学术界的强烈反对。MGGA在设计过程中特别提出:“要设计机制阻止管制对象获得‘意外之财’(Windfall Profits)”。但采取拍卖的分配方式对于激励管制对象的积极性和降低管制对象的履约成本有负面影响。因此，如何平衡“公平性”与“可操作性”仍需探讨。

6. 灵活履约机制不断得到发展

各区域排放交易体系均将以最低成本实现减排目标作为体系设计的关键指标进行考虑，因此，各区域排放交易体系均创设众多的灵活履约机制防止配额价格剧烈波动，帮助管制对象降低履约成本。

7. 能源大州主动参与区域排放交易体系的意愿不强

美国区域排放交易体系的参与州，基本没有能源生产的主要州。目

前美国能源生产前10位的州分别是德克萨斯州、怀俄明州、路易斯安纳州、西弗吉尼亚州、肯塔基州、加利福尼亚州、宾夕法尼亚州、新墨西哥州、俄克荷拉马州、科罗拉多州。只有加利福尼亚州和新墨西哥州加入了WCI。加利福尼亚州可以说是一个例外。由于该州环保团体势力较强，经济较为发达，在美国甚至全世界都有相当强的影响力，因此其环保政策和行动一直走在美国和世界的前列，加入WCI不足为奇。而其他8个能源大州未参加区域性排放交易体系，可见美国州的利益集团势力在相当程度上左右着州的政治决策。

RGGI的参与州并不是美国的能源大州，且煤电比重较低。根据美国能源部的资料，RGGI的参与州具有以下特点：第一，属于美国经济发展水平较高地区，特别是马萨诸塞州和新泽西州。第二，绝大部分州化石燃料电厂比重偏低。第三，都是美国高电价地区。全美平均住宅电价为10.54美分/千瓦时，商业电价为9.58美分/千瓦时，工业电价为6.54美分/千瓦时。RGGI 10个参与州的电价水平都远高于全美平均水平。

8. 开始注重区域排放交易体系之间的连接

随着RGGI的正式运行WCI、MGGA的设计筹备，各区域排放交易体系之间的连接逐渐提上了议事日程。各区域排放交易体系之间的连接意义重大：第一，有利于扩大配额市场的容量和参与主体，提高市场流动性，降低管制对象的履约成本；第二，减少排放转移现象的发生，防止出现管制对象碳排放总量的“双重计算”和碳抵消项目配额的双重分配等；第三，统一履约时间、配额分配、碳抵消项目认可标准与程序等，提高排放交易体系的运行效率；第四，加强各区域排放交易体系之间的信息交流，加强对配额市场的监管，有效预测配额市场的走向，对配额市场的需求和波动作出及时反映；第五，扩大美国排放交易体系的覆盖范围，为美国全国性的排放交易体系建立打下基础和提供范例。

WCI在设计过程中已经充分重视各区域排放交易体系之间的连

接，甚至包括与 EU-ETS 和世界上其他的总量控制与交易体系的连接，并具体提出了相互连接的基本条件以及连接的方式与权限等。相信随着世界总量控制与交易体系的逐渐增加，各区域排放体系之间的连接将不断增强。

二、借鉴

美国区域排放交易体系的建立不仅为美国和加拿大各州和省提供了样板，而且对我国的碳排放交易体系的建设也具有很强的借鉴意义。鉴于我国碳排放交易体系的建设极有可能走“先地方试点后全国推广”的路径，因此，美国区域排放交易体系首先对我国建立区域性先行碳排放交易体系有极强的借鉴之处。

1. 完备的碳排放交易法律制度

美国各区域排放交易体系的法律基础总体来讲可以分为三类：一是联邦政府层面的关于排放权交易的法律基础；二是各区域排放交易体系参与州、省之间的协定及与排放交易体系管理机构直接相关的法律文件；三是各区域排放交易体系参与州各自对二氧化碳排放交易体系、环境与能源法律法规等与温室气体管理相关的法律规定。其中最重要最具有借鉴意义的是各区域排放交易体系参与州、省之间关于建立区域排放交易体系的协定，即 MOU 和各种规则体系。这些 MOU 和规则体系提交各参与州的立法和行政机构予以批准或通过后，均成为区域排放交易体系法律体系的重要组成部分。

我国在市场经济方面的立法一直滞后于社会实践，在碳交易领域就表现为我国涉及碳交易的立法相对缺失。我国目前唯一的碳交易方面的法律法规是 2005 年 10 月国家制定的《清洁发展机制项目运行管理办法》，但这仅仅是国家发展和改革委员会、科技部、外交部和财政部 4 部门发布的行政规章，其法律地位较低，而且该办法对清洁发展机制项目实施双方的权利、法律责任和义务、技术转让、防止价格恶性竞争等方面都没有规定。另外，办法只是对 CDM 项目管理的相关规定，是对

国际温室气体排放交易在我国境内发生的行为的管制，并不是我国国内发展碳交易市场的宏观规范。因此，我国区域性碳排放交易体系的法律基础十分薄弱。

2. 制定详尽明晰的规则体系

美国区域排放交易体系的规则模型对于各项规则的制定均十分详细、清晰，从管制机构的权利与义务、管制对象及其他参与方的权利义务到各项技术标准、能效标准、影响因素都有涉及，而且这还只是一个规则模型，并非实施或操作细则，实践中的操作规则肯定更加详细。可以说详细而清晰的规则模型是碳交易体系运作的基础和保障，更是体系各参与方的“定心丸”，能够大大降低各方参与交易体系的风险，值得我们借鉴。

3. 制定权威和可操作的技术标准

美国不仅是一个法治国家，也是一个崇尚技术的国家。各区域排放交易体系规则模型中涉及多处能效标准，这些标准不仅按照不同行业有不同的规定，而且根据不同的建筑、不同的能源类型也有不同的规定。除能效标准外，还有其他技术标准。这些标准综合起来，使得规则模型更加科学、更具有可操作性。这些技术标准提醒我们，在制定我国区域碳排放交易体系规则时，需要思考在碳排放因子、建筑节能、碳抵消项目计算等方面是否需要权威科学的技术标准，评估我国现在是否有这样全面、综合、科学的标准。如果没有，应当通过什么样的组织机构、专业能力、时间来进行设定。

4. 重视区域性排放交易体系可能带来的排放转移问题

区域性排放交易体系容易带来排放转移的问题，对此应该高度重视，因为这关系到区域排放交易体系的目标，即该排放交易体系能否实现温室气体减排目标并保证环境目标的完整性；是区域排放交易体系存在的基本要求。如果出现严重的排放转移问题而区域排放交易体系无力应对，那么该体系也就没有存在的必要性。这同时也体现了政府管制部门对待减排问题的态度的严肃性，美国的做法值得我们学习和借鉴。

5. 公权力在市场经济中的权力边界与自我限制

碳产品作为公共产品，是由国际公约或国内法律创造出来的，即碳产品的出现完全是国际组织或国家行使国际公权力或国内公权力的结果，而碳产品的交易却完全是市场行为，从而使得碳产品的管理、交易出现公权力与市场力量的交集与重合。如何使公权力和市场力量形成合力，共同促进碳产品的管理与碳市场的发展是十分重要的问题，这就需要划分公权力与市场力量发挥作用的范围，特别是限制公权力的无限制扩张。这一点在美国区域交易体系中有非常好的体现。

6. 组织与筹备工作的开展

美国各区域排放交易体系的组织和筹备工作通常是由各参与州州长或省长签署备忘录，交由州或省环保及能源管理部门负责组建交易体系顾问组或咨询组，下设专业性工作小组或委员会，具体负责各专业领域的研究和政策建议。我国区域性碳交易体系也可采用这种组织与筹备模式，建议由国务院、中央相关部委与特定区域省（自治区、直辖市）的行政首长组成区域性碳排放交易体系领导机构，督促区域性碳排放交易体系组织机构的工作，定期听取工作汇报并就重大问题作出决策。

7. 重要机制设计借鉴

(1) 规则模型的框架结构

美国各区域排放交易体系的规则模型内容丰富、全面，绝大部分无论是形式还是内容方面都值得我们参考和借鉴，这其中包括：

①总则。

②账户开立及授权。

③排放许可申请与取得。

④履约证明。

⑤配额分配。

⑥配额跟踪系统。

⑦配额转让。

⑧监测与报告。

⑨碳抵消项目与配额。

(2) 履约期间

RGGI 首创 3 年履约期间，其后 WCI 和 MGGA 均加以继承。以 3 年为一个减排区间，而非常用的 1 年，能够给予管制对象更多的时间来适应总量控制与交易体系，以更灵活、更符合各个企业自身实际的方式来完成减排目标。这种做法对于尚不适应市场机制进行减排的我国大部分企业，以及对市场机制运作尚不熟悉的政府管理机构而言，都有助于其适应和改善经营管理水平。

(3) 拍卖与再投资

RGGI 是全球第一个同时也是最大的采取拍卖方式分配配额的总量控制与交易计划。RGGI 的拍卖所得至少 25% 用于使消费者受益的项目。实际上 RGGI 完成减排目标主要是依靠投资于建设清洁能源、可再生能源以及能效项目，这样既能使各州摆脱对化石燃料的依赖，又可以加大新一代能源技术的研发和建设，引领下一个商业潮流。

(4) 防止价格剧烈波动的机制

这些防止价格剧烈波动的机制对稳定配额市场、电力市场、缓冲对区域经济的影响具有非常重要的作用，大大提高了各区域排放交易体系的可操作性与可靠性，值得我们借鉴。主要包括：RGGI 的安全阀触发机制、碳抵消项目设计、碳抵消与安全阀双重触发机制以及排放转移应对机制等；WCI 的各州、省管制机构的配额储备制度，未来履约期的配额使用制度以及特殊行业的配额储备群制度等；MGGA 的有限借贷制度和价格封顶、封底制度等等。

第六节　澳大利亚新南威尔士温室气体减排体系

一、概况

1. 新州概况

澳大利亚新南威尔士州 (New South Wales，新州) 位于澳大利亚东南部，面积达 80 多万平方公里，占全国面积的 10.4%；人口 680 万，占澳大利亚总人口 (2050 万) 的 1/3。工农业生产历来居全国首位，是澳大利亚最大的加工制造业生产基地，其产量占全国制造业总量的 33%。新州共有 152 个市，主要城市有悉尼、纽卡斯尔等。

2. 法律基础

澳大利亚新南威尔士温室气体减排体系 (NSW Greenhouse Gas Abatement Scheme，GGAS) 是世界上最早的强制减排交易体系，正式成立于 2003 年 1 月 1 日，致力于减少新州管辖范围内与电力生产和使用相关的碳减排。

GGAS 的法律基础是电力供应法 2002 年修正案、电力供应管制细则 2002 年修正案以及温室气体基准规则。

3. 减排目标与基准设置

(1) 减排目标

GGAS 的目标是减少与电力生产和消费相关的碳减排，发展和鼓励碳排放的抵消行为。

(2) 基准设置

GGAS 是目前世界上唯一的“基线信用” (Baseline and Credit) 型强制减排体系。电力供应 2002 年修正案设置了以人均为单位的碳排放基

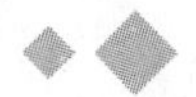

准当量。GGAS2003 年开始时的初始基准为 8.65 吨 / 人，2007 年逐步下降至 7.27 吨 / 人，并保持该基准至 2021 年不变。7.27 吨 / 人的基准相当于比《京都议定书》1990 年基准下降 5%。

4. 覆盖范围

(1) 基准参与者 (Benchmark Participation)

按照 GGAS 规则采取措施履行碳减排义务的主体称为基准参与者。基准参与者分为强制性和选择性两类。前者包括：新州所有电力零售许可证的持有者、直接向零售消费者供电的发电者、从国家电力市场直接购电和被国家电力公司认定为市场电力装机的市场消费者。

(2) 减排证书提供商 (Abatement Certificate Providers)

减排证书提供商是减排证书的生产者和供应者。凡是采取合格的碳减排行为并可产生减排证书的机构均可申请成为减排证书提供商。

5. 交易产品

GGAS 中可交易的商品称为“新南威尔士温室气体减排证书”。一份减排证书代表一吨二氧化碳当量的减排额度。

6. 独立定价与管制处的功能

GGAS 的管理由独立定价和管制处负责，它的两项独特项目是：

担任履约管制者，监督基准参与者的年度履约行为，并选择大型消费者或个人作为选择性基准参与者。

担任管理者，监督减排证书提供商的认证、减排证书的核发和转让、被核证主体的表现和履约行为以及维护 GGAS 注册系统。

7. 注册处

目前在注册系统转让证书完全免费，但是每个减排证书在注册时交纳低廉的注册费。注册费主要用于注册系统的运营和维护，并部分补贴独立定价与管制处的一些活动。

注册账户中持有的证书数量没有限制，但是个人注册的用户在转让超过 1000 份证书时必须提供身份证明。

8. 框架结构

GGAS 是一个完整的市场系统，其中基准参与者是需求方，需要购买减排证书来完成履约任务，减排证书提供商是供给方，通过自己的碳减排活动产生减排证书。独立定价与管制处是监管机构，为市场买卖双方提供注册服务并对双方的活动与交易行为进行监督。

9. 审计委员会

在 GGAS 体系中，独立定价与管制处具有很强的审计和执行权力，以保证审计委员会执行所有的审计活动并保证审计的质量和独立性来确保 GGAS 目标的实现。

二、基准参与者

GGAS 允许电力用量超过 100JW 的大型消费者和执行州重大发展计划的机构自愿选择成为基准参与者。

大型消费者是指电力消费者，而不是零售提供商。他们是在新州范围内拥有或者与其他机构共同拥有一处或多处电力消费超过 100JW 的电力消费者。议会已经修改法案规定，与消费者相关的实体，只要满足电力消费初始值，也可以成为大型消费者。相关实体包括相关公司、信托基金或者信托受益者和合资企业。任何要退出选择性基准行列的实体必须提前 6 个月提出申请。

三、减排证书供给与需求预测

1. 预测假设

减排证书可以无限制地储存，并无失效日期，但证书必须在活动发生的每个履约年结束之后的 6 个月内产生，否则将无法获得减排证书。

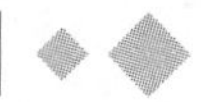

GGAS 的管理者有责任监测减排证书的供给和需求。管理者并不使用模型进行预测，而是基于现有参与者、未来项目核证、核证申请和一些必要的保守性假设来预测证书的供给。

2. 供给预测情境

与单一的需求预测模型相比，GGAS 管理者基于其对于未来减排证书来源的信息掌握情况。

四、特点、意义与借鉴

1. 极大地促进了气候变化与碳减排的理念普及和实践

随着气候变化知识的不断普及和个人及组织对碳市场兴趣的提高，越来越多的个人和组织通过 GGAS 购买和提交减排证书来抵消它们的碳排放。GGAS 注册处允许公众拥有减排证书并可以资源提交来抵消碳排放。

2. GGAS 是目前世界上唯一的基准信用型强制交易减排体系

但是，与通常在生产侧设定生产技术基准不同，GGAS 是在消费侧设定人均消费二氧化碳当量基准。在实际操作中相对简单，避免出现对具体生产程序技术基准过度干预的问题，也就避免了欧盟排放交易体系在设定生产侧技术基准时遇到的问题。

3. 从理论上讲，基准信用交易体系是允许排放总量的绝对增长的

GGAS 能够实现排放总量下降，主要是因为人口技术是相对稳定的。因此，需要实现绝对总量下降的排放交易体系不宜采用基准信用交易体系，而应采用总量控制与交易体系。但在总量控制与交易体系实施困难的国家或地区，可以尝试采用基准信用交易体系，或针对单个行业或特定群体采用基准信用交易体系，如只针对新增产能或新进入者等。

4. GGAS 的行业覆盖范围也突破了传统的电力行业

除电力零售商为强制参与者外，还有用电大型客户等选择参与者，这样 GGAS 的行业覆盖范围扩大至煤矿、钢铁、林业等行业。

5. 基准信用减排体系在交易活跃程度和流动性上，效率仍然低于总量控制与交易体系

6. GGAS 基准信用体系在我国依然不具备适用性

需求端基准适用于人口相对稳定、人均收入已经达到发达国家水平的国家或地区，而我国人均碳排放很低，人民生活水平偏低且改善要求强烈，人均碳排放将依然是增长的态势。

7. 我国排放交易体系的建设可以吸取 GGAS 的经验和教训

主要有以下几点：第一，在强制性减排行业之外，政府可以选择具有战略意义、对国家可持续发展有重大影响的企业作为特别的减排参与者进入强制减排体系。第二，排放交易体系的类型，宜采用总量控制与交易型，以便与国际接轨。

第七节　日本温室气体减排体系

纵观近年来日本排放交易市场机制建设，从 1997 年日本经济团体联合会推动制定自愿环境行动计划，到日本自愿减排体系 (J-VETS) 试行，再到 2010 年 4 月日本出现地方级的强制总量限制体系，共走过了三个阶段。

第一阶段，伴随 1997 年《京都议定书》达成和确定减排承诺，日本经团联 1997 年中期推出环境自愿行动计划 (Keidanren Voluntary Action Plans)。该计划与日本京都目标实现计划 (Kyoto Protocol Target Achievement Plan) 相连，是京都目标实现计划 (KTAP) 主要确定的市场

体系，主要针对工业和能源转换部门减排，由相关企业作出长期自愿承诺，目标是将燃料燃烧和工业生产排放的二氧化碳排放量到2010年稳定在1990年的水平，但并没有与政府间达成任何协议以保证目标实现。

第二阶段的标志，是2008年10月日本开始实施试行交易体系(J-VETS)。过去数年中，日本一直努力实现其京都承诺，并建立了每年评估机制以审查目标完成情况，并调整相应措施以保证目标实现。京都目标实现计划在1998年的《防止气候变暖促进措施概览》的基础上，2002年、2005年和2008年前后进行了三次修订。KTAP的历次修订中，提到为日本工业引进一个新的排放交易计划，这个新的体系将日本经团联环境自愿行动计划(VAP)等已经存在的倡议整合进来，构成一个试行的自愿排放交易体系(Japan Voluntary Emission Trading Scheme, JVETS)。2008年10月，该试行交易体系启动。JVETS的出现，是日本气候政策的一个重要转向。长期以来，在日本应对气候变化的治理框架中，绝大部分是依靠政府制定的相关政策和措施，而不是市场机制。J-VETS试图整合并建立一个国内碳抵消体系和面向小排放者的日本自愿排放交易体系。潜在参与者自愿提出申请，并提交其减排目标(绝对排放目标或强度排放目标)，以备审查。企业除了内部采取措施自身减排以外，J-VETS的出现，为强制交易市场体系的形成创造了实验机制。

直到今年，日本排放交易市场机制开始取得一个重大进展——地区级的强制总量交易体系出现，正式进入第三阶段。2010年4月，东京都总量限制交易体系作为亚洲首个碳交易体系正式启动，这既是日本首个地区级的总量限制交易体系，也是全世界第一个城市总量限制交易计划。该体系覆盖1400个场所(包括1100个商业设施和300个工厂)，占到东京总排放的20%。东京都确立温室气体减排目标是到2020年比2000年排放水平下降25%。从自愿到地区级强制市场，由单一部门到多部门覆盖，日本作为亚洲新兴碳市场，走过相对完整的三个市场形成阶段，是碳市场体系建设不可多得的范本。未来日本也许会出现两个并行的碳市场体系，一是覆盖主要能源密集部门的国家级强制碳市场，二是城市和地方政府管辖的，主要覆盖大型设施，比如写字楼、工厂和公共建筑的地区级碳市场。

一、日本经济团体联合会环境自愿行动计划

日本经济团体联合会 (Nippon Keidanren 或 Japan Business Federation) 简称经团联，是日本最重要、影响力最大的商业联合组织。经团联 1997 年 6 月推出的经团联环境自愿行动计划是全世界较早、影响范围较广的企业界自愿减排行动计划。

1. 经团联环境自愿行动计划的背景

(1) 日本环境政策的自愿性特点

20 世纪五六十年代，日本接连出现重大环境污染事件。从 70 年代开始，日本经济在日本政府财政机制如补贴、低息贷款和税收减免的大力支持下，大力开发环境保护技术并进行推广应用，使得日本环境质量得到明显改善和提升，并由此形成了领先于世界的环境保护技术优势，为日本 90 年代向全球输出环境技术奠定了基础。这段历史形成了日本环境政策的一大特点，即环境政策自愿性较强，政策的实施不依靠惩罚机制来实现。这一点与美国和欧盟不同。日本政府鼓励企业遵从政府的行政指导，政府与企业共同协商环境保护问题，在双方一致的基础上为企业执行环境保护政策提供各项便利。日本的自愿性环境政策有如下优点：

①自愿协议使得企业以对环境关爱的态度吸引消费者；

②政府可能给予优惠的税收和财政支持；

③帮助企业维持与政府和公众的良好关系。

(2) 经团联环境自愿行动计划纲要

①参与行业与组织

1997 年 7 月，日本经团联向日本商业界发出呼吁，组织开展“日本经团联环境自愿行动计划”。1997 年该计划第一次公布时，有 38 个行业加入，并公布了具体的环境目标。到 2007 年，有 50 个行业协会、

1 个企业集团和 7 个铁路公司积极参与该计划。

②主要特征

a. 行动计划是完全自愿的，每个行业自行判断是否参加，不受任何政府或管制机构的强制性要求。

b. 覆盖范围广，不局限于制造业和能源业，还涵盖非常广泛的其他行业，这反映出日本商业平等主义的思想，这也是日本商业文化的重要特征之一。

c. 许多参与的行业已经制定了定量性的目标和措施来应对全球变暖问题和废弃物处理问题。

d. 行动计划每年必须进行评估，评估结果向公众公布。

e. 政府深度参与了行动计划的执行。

(3) 目标和措施

①应对气候变化的目标和措施：目标：许多工业部门已经设定了具体的目标，包括到 2010 年的完全目标，作为自愿行动计划的一部分。18 个行业已经将目标转化为单位产量能源投入或单位产量二氧化碳排放；14 个行业确定了能源使用总量或二氧化碳排放总量减排目标；8 个行业已经采取措施来降低服务提供过程中的能源消耗。措施：就具体措施而言，许多行业将提高能源使用效率作为首选。

②废弃物处理的目标和措施。目标：6 个行业已经采取措施减少废弃物的产生；17 个行业声称它们将提高循环使用率并增加循环物质的使用量；10 个行业已经将最后处理阶段的废弃物减少量设定为目标；6 个行业已经将最后处理阶段处理率提高设定为目标。许多行业将 2010 年设定为目标年。措施：具体措施很多，如减少生产过程废弃物的产生；通过将废弃物作为路基或水泥混合物质的原料提高副产品或废弃物的再循环率；开发利用再循环产品的技术或加强与其他行业的合作提高综合利用率；开发对环境影响最小的产品，通过应用产品生命周期法则或开发容易循环利用的产品；在办公室，分类收集废弃物，为环境增加绿色，鼓励减少纸张使用的行为等。

《京都议定书》签署后，日本根据其要求，重新修订了经团联环境自愿行动计划2008—2012年主要工业行业的减排目标和措施。

3. 执行效果

经团联承诺每年开展后续评估活动，并公布评估结果，以进一步改进行动计划，促进环境目标的实现。经团联每年进行自我后续评估时，由自然资源和能源顾问委员会和工业结构理事会联合成立的委员会也对各行业提交的后续报告进行年度评估。另外，自2001年起，经团联成立了专门的评估委员会开展评估工作，使得各行业的努力更加透明和可信。

二、日本自愿排放交易体系与日本国内排放交易综合市场

1. 日本自愿排放交易体系

(1) 日本自愿排放交易体系简介

2005年5月，日本环境省发起了日本自愿排放交易体系(Japan Voluntary Emissions Trading Scheme，JVETS)。该体系允许环境省给予其选择参与者一定数额的补贴，支持参与者安装碳减排设备。作为交换，参与者承诺一定数量的碳减排责任。该体系同样允许参与者相互交易配额来实现减排目标。参与者必须符合严格的条件。该体系的目的是以较低成本减排二氧化碳，积累与国内碳排放体系相关的知识和经验。

(2) 参与者与激励

环境省对参与自愿排放交易体系的参与者实行公开邀请，然后根据被邀请企业提交的较低成本减排的建议书选择参与者。2006—2011年，共303个公司参与自愿排放交易体系。中小企业构成了参与者的主体，这表明即使小型企业也有很大的减排潜力。

(3) 基准排放的计算和减排目标

基准线设定参与者前三年的平均排放，即2002年、2003年、2004年三年的平均排放值。所有参与者的基准年排放都由环境省核证认可的核证实体进行核证。

(4) 配额分配

环境省按照基准年核证的结果分配配额，每个参与者的配额等于基准年的平均减排值减去该年承诺减排的额度。

(5) 配额交易

2006 年，参与者共发生交易 24 次，交易额为 82624 吨二氧化碳，平均每吨价格为 1200 日元。

2007 年，参与者共发生交易 51 次，交易额为 54643 吨二氧化碳，平均每吨价格为 1250 日元。

2008 年，参与者共发生交易 23 次，交易额为 34227 吨二氧化碳，平均每吨价格为 800 日元。

(6) 报告、核证和履约

在每年结束时，参与者在下一年的 4 月至 6 月底计算上一年的实际排放，并提交给第三方进行核证。环境省负责核证的费用。

参与者如果不能提交足够的配额来抵消实际排放量，将成为违约方，如果违约，参与者必须退回所有的政府补贴。

自 2008 年开始，JVETS 成为日本国内排放交易综合市场的一部分。

三、日本东京都总量控制与交易体系

日本东京都巨大的都市圈实际上类似于一个国家。东京都每年消耗的能源和整个北欧相当，东京都的 GDP 排在全球第 16 位。东京都总量控制与交易体系的建立对于日本应对气候变化的政策进程和全球二氧化碳减排具有重大意义。

早在日本政府采取措施应对气候变化之前，东京都政府就已经采取积极的措施要求转型为低碳城市。2007 年 6 月，东京都政府制定了“东京都气候变化战略”，作为“东京都十年减碳计划”的基石。该战略的要点是：创造全面发挥日本环保技术潜力的机制；创造鼓励大型商业、小型商业和家庭实现碳减排的机制；在三四年里采用战略措施作为向低碳社会转型的起点期；利用私有或共有基金、税收激励和大胆的投资实现碳减排目标。

四、日本温室气体减排体系的特点及借鉴

1. 发展历程完整、形式多样

日本温室气体减排体系的发展历程十分完整，从20世纪90年代末流行的自愿减排到21世纪流行的强制减排均有体现。各种形式的减排体系也层出不穷，既有企业主导的自愿减排，也有政府主导的自愿及强制减排；既有全国性的减排体系，也有以城市为单位的减排体系；既有覆盖行业广泛的减排体系，也有覆盖行业较小的减排体系；既有以商业及交通运输为主要对象的减排体系，也有以工业部门为主要对象的减排体系；既有以总量减排为特征的减排体系，也有以强度为目标的减排体系。

2. 体系并存发展、关系复杂、结果难测

目前上述三种减排体系在日本国内仍在执行，这些减排体系往往存在着覆盖对象重复、减排行业重复甚至是管理体系重复的问题，关系十分复杂。由此对这些减排体系的真正减排效果很难评估，众说纷纭。

第六章　中国碳市场发展现状

第一节　概　况

一、国内主要碳交易场所

1. 北京环境交易所

北京环境交易所是经北京市人民政府批准设立的特许经营实体，由北京产权交易所有限公司、中海油新能源投资有限责任公司、中国国电集团公司、中国光大投资管理公司等机构发起设立的公司制权益公开、集中交易机构，是集各类环境权益交易服务为一体的专业化市场平台。北京环境交易所是利用经济手段解决环境问题的公共平台，是技术先进、结构合理的国家级环境交易中心市场，是国际环境合作的市场化平台，是重要的环境金融衍生品市场。目前该交易所列示出的挂牌项目类型类别有 7 个，分别是环境技术及设备交易、环境类股权资产交易、排污权交易、排放权交易、生态服务权益交易和可再生资源交易。北京环境交易所的目标是成为国内、国际环境权益的价值发现平台和市场交易平台，通过先进的交易系统、广泛的会员网络和合作伙伴，实现节能减排领域的资源优化，降低污染治理的成本和交易成本，提高环境治理的效率。

2009年6月18日，北京环境交易所与纽约—泛欧证券交易集团(BlueNext)交易所签署战略合作签约协议，环境交易所挂牌的CDM项目将同时于BlueNext交易所的渠道进行发布(见表6—1)。

表6—1　北京环境交易所挂牌项目

项目类别	项目数量	备注
环境技术及设备交易	36	
环境类股权资产交易	27	
节能量交易	4	
排污权交易	暂无	
排放权交易	6	其中5项为意向CDM项目
生态服务权益交易	暂无	
可再生资源交易	暂无	

资料来源：北京环境交易所网站，http://www.cbeex.com.cn/，2010年7月9日。

2. 上海环境能源交易所

上海环境能源交易所是上海市人民政府批准设立的服务全国、面向世界的国际化、综合性的环境能源权益交易市场平台，是集环境能源领域的物权、债权、股权和知识产权等权益交易服务于一体的专业化权益性资本市场服务平台。上海环境能源交易所主要从事组织节能减排、环境保护与能源领域中的各类技术产权、减排权益、环境保护和节能及能源利用权益等综合性交易以及履行政府批准的环境能源领域的其他交易项目和各类权益交易验证等。

上海环境能源交易所依托中国最大的产权交易市场，即上海联合产权交易所，为环境能源领域各类权益人、节能减排集成商、科研机构、投资机构等各类实体提供咨询、项目设计、项目价值评估、经营策划、项目包装、基金运行、项目投融资以及技术支撑等各类服务。上海环境能源交易所实行会员制，聚集各类会员，全力构筑以市场化方法推动节

能减排运行的新机制，共同打造节能减排和环境保护领域各类技术、资本及权益交易的完整的产业链。

2009年8月4日，上海环境能源交易所发布消息称，正式启动“绿色世博”VER交易机制和交易平台的构建，在世博会期间参加世博会的各国参观者都可以通过上海环境能源交易所的交易平台来支付购买自己行程中的碳排放。

目前该交易所列示出的挂牌项目类别有6个，分别是碳资源减排、节能减排和环保技术、节能减排和环保资产、二氧化硫项目的技术和日本经产省技术支持项目(见表6—2)。

表6—2 上海环境能源交易所挂牌项目

项目类别	项目类型	备注
碳自愿减排(VER)项目	70	包括世博会自愿减排项目
节能减排和环保技术交易类	65	
节能减排和环保资产交易类	暂无	
污水处理项目的技术交易类	暂无	
二氧化硫项目的技术交易类	暂无	
日本经产省技术支持项目	175	

资料来源：根据上海环境能源交易所网站资料整理，http://www.eneeex.com/，2010年7月9日。

3. 天津排放权交易所

天津排放权交易所是由CCX、天津市人民政府以及中国最大的油气生产商中国石油天然气集团公司的资产管理部门三方成立的合资公司，是全国第一家综合性排放权交易机构，是一个利用市场化手段和金融创新方式促进节能减排的国际化交易平台。

天津排放权交易所成立初期主要致力于开发二氧化碳、化学需氧量等主要污染物交易产品和能源效率交易产品。交易所启动能源效率行动咨询顾问委员会，共同设计和制定能源效率合约、交易规则和制度。

天津排放权交易所会员主要分为三类：一是排放类会员，指承担约束性节能减排指标的排放物直接排放单位；二是流动性提供商会员，在交易所进行交易但没有直接排放、不承担约束性节能减排指标，在交易所提供市场流动性的机构；三是竞价者会员，即独立参与交易所电子竞价的机构或个人。

2010 年 6 月 3 日，天津排放权交易所温室气体自愿减排服务平台上线试运行，为首批项目温室气体自愿减排量提供电子编码和公示服务。

4. 深圳排放权交易所

2010 年 9 月 30 日，由深圳联交所和深圳能源集团联合发起设立的深圳排放权交易所正式揭牌。依托柜台市场高效的电子交易系统，深圳排放权交易所的义务范围包括为深圳市排污许可证配额交易、清洁发展机制下的交易、自愿减排信用交易以及其他温室气体排放交易提供各种专业服务，是深圳市政府加快转型发展、低碳发展的一大举措，对深圳低碳城市建设具有重大意义。

此外，广州、大连、山西、昆明、贵州、营口等地都相继建立了地方性的环境权益交易平台。

二、碳交易在我国发展概况

中国是全球第二大温室气体排放国，目前虽然没有减排约束，但被许多国家看做是最具潜力的减排市场。联合国开发计划署的统计显示，截止到 2008 年，中国的二氧化碳减排量已占到全球市场的 1/3 左右，预计到 2012 年，中国将占联合国发放全部排放指标的 41%。在中国，越来越多的企业正在积极参与碳交易。例如，2005 年 10 月，中国最大的氟利昂制造公司山东省东岳化工集团与日本最大的钢铁公司新日铁和三菱商事合作，展开温室气体排放权交易业务。估计到 2012 年年底，这两家公司将获得 5500 万吨二氧化碳当量的排放量，此项目涉及温室气体排放权的规模每年将达到 1000 万吨，是目前全世界最大的温室气

体排放项目。自2006年10月19日起，一场“碳风暴”在北京、成都、重庆等地刮起。掀起这场“碳风暴”的是由15家英国碳基金公司和服务机构组成的、有史以来最大的求购二氧化碳排放权的英国气候经济代表团。这些手握数十亿美元采购二氧化碳减排权的国际买家，所到之处均引起了众多中国工业企业的关注。

目前我国碳市场主要由三部分构成，一是国际CDM市场，二是碳中和，三是试点碳排放权交易。然而，碳排放交易本身是个复杂的系统工程，国内碳金融服务体系尚未建立，金融机构对碳金融产品和服务的创新能力较低，与我国碳市场潜力不相匹配，国内排放权交易所还处于碳市场的初级形态，连续性的碳排放权交易尚未开始。所以，现在建立全国性统一碳市场还为时过早，需要循序渐进。

《“十二五”规划纲要》提出，“十二五”期间我国单位GDP碳排放强度和能耗分别下降17%和16%，各地的指标分解方案也初步出台。对于各行业排放额度限制也在考虑当中，作为排放较多的电力企业需要未雨绸缪。一方面积极应对可能开征的碳税和煤炭资源税从价计征，理顺资源价格机制，争取国家财税支持；另一方面推动新能源发电，完善并网相关配套政策，推进加强智能电网建设，有效提高电网接纳清洁能源的能力。我国承诺到2020年GDP二氧化碳排放强度比2005年下降40%—45%，节能减排任务艰巨。目前急需建立碳排放交易及评价体系，这涉及社会各个部门和领域，特别是我国不同地区在自然资源、自然条件、经济发展水平和产业结构等各方面都有差异，因此，碳排放的计算需要由政府统筹管理，有了评价体系，政府才能制定政策，然后建立中介机构，才可以进一步进行碳交易。

三、国内碳交易主要通过CDM进行

CDM，全称为Clean Development Mechanism，即清洁发展机制，这是《京都议定书》中引入的三个灵活履约机制之一。CDM的核心是允许发达国家和发展中国家进行项目级的减排量抵销额的转让与获得。

对参与的双方来说，CDM是一种双赢的机制。对发达国家而言，CDM给予其一些履约的灵活性，使其得以较低成本履行义务。另一方面，对发展中国家而言，协助发达国家能够利用减排成本低的优势从发达国家获得资金和技术，促进其可持续发展。

中国作为一个发展中大国，具有全球最丰富的减排资源。自2005年2月16日《京都议定书》生效以来，CDM在中国获得了长足发展，从2005年刚开始被质疑，2006年以后蓬勃发展，一直到现在取得了巨大的成就。综合EB(联合国CDM执行理事会)网站数据，截止2011年3月15日，全球通过EB注册的CDM项目数为2911个，增幅为49.5%，中国通过EB注册的CDM项目数为1273个，增幅为81.6%。在新增的通过EB注册的CDM项目中中国的占比从2007年的28%上升到59%(见下图)。

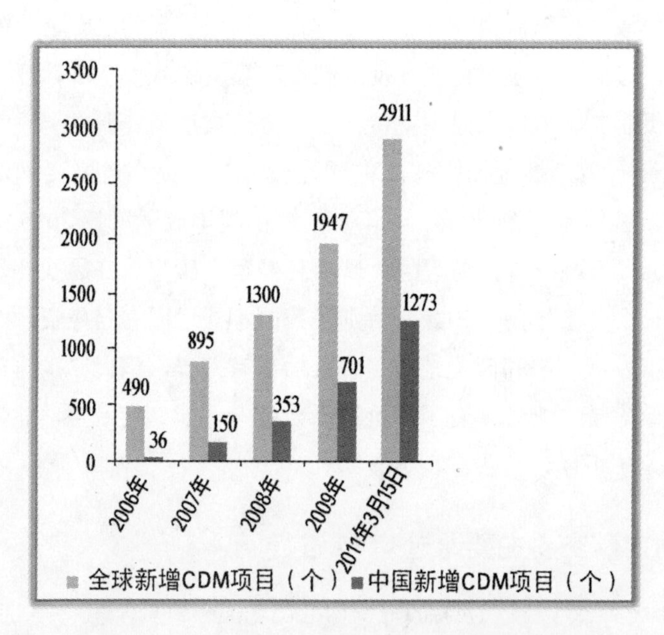

图6－1　2006年—2011年3月CDM注册项目情况

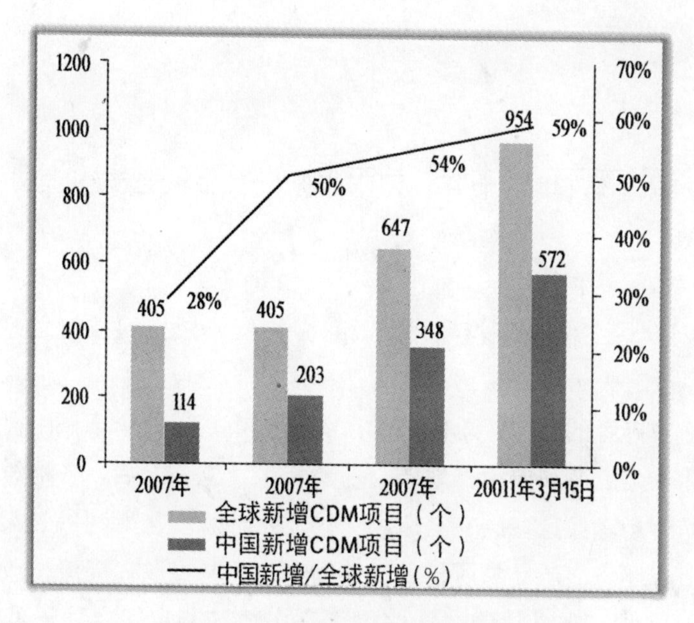

图 6-2　2006年— 2011年3月CDM注册项目及中国新增占比情况

数据来源：EB 网站。

我国 1273 个的项目注册数量，占 EB 全部注册成功项目总数的 43.73%，这些项目的预期年减排量将达 286，419，331tCO_2e，占全部注册 CDM 项目预期年减排总量 (453，462，015 tCO_2e) 的 63.16%。国内对节能减排和碳交易的真正关注，从 2009 年底哥本哈根会议开始，历经 2010 年和 2011 年“两会”以及坎昆会议的小高峰，总共不过一年多的时间。

第二节 中国碳市场存在的主要问题

按照《京都议定书》，我国没有温室气体减排的强制义务，国内目前也没有关于碳交易约束性的法律规范，企业的温室气体减排主要是基于减排者的自愿。总体来看，我国碳市场还处于尝试阶段。2008年，北京、上海和天津三地碳交易所相继建立，之后，各地纷纷成立碳交易市场。在这些碳交易市场中，北京环境交易所利用先天政策优势，上海环境能源交易所借助完善的产权交易经验，天津排放权交易所引入成熟的交易机制，均取得了一定成绩。审视中国已经建立起来的碳交易所，碳交易的开展方式主要有两种：一是中国和国际间的CDM项目，二是国内企业的自愿减排CER项目。中国目前在国际碳交易市场上主要是卖方：国内碳买家多为履行社会责任的企业或个人，因而国际碳交易市场的中国买方市场规模非常小。目前国内没有形成全国性市场，十余个区域性碳交易市场零星布局，独立发展，未形成合力，并且所开展的碳交易主要是CDM一级市场交易。此外，中国碳交易的市场环境并不成熟，缺少与碳交易相关的法律、法规；中介服务组织缺失；交易方式、制度和流程等也需要在交易过程中不断优化；金融机构还没有真正开展碳交易方面的业务，碳金融发展更为落后。企业如果积极参与碳交易，将很难防范交易风险。基于上述原因，中国目前的自愿减排交易值仅占全球碳交易市场交易值的0.6%，交易量仅占2.6%。由于在基于CDM项目的碳交易方面缺少实质性工作，有些交易所甚至还没有成功进行过一次真正的交易。交易“场所”虽然有了，但通过活跃的场内交易形成碳交易市场的局面并没有形成，市场发现价格的功能没有发挥。中国虽然每年产出大量

CERs，但在国际碳交易市场规则制定中无发言权，在世界碳交易体系中无定价权，这与中国碳交易出口大国的身份极不相符。基于上述情况，中国碳交易市场的发展状况并不乐观，市场运营并不理想，要形成成熟市场体系，中国还有较长的路要走。

一、主要问题与困难

1. 碳减排相关金融产品开发不足，相关服务产业发展缓慢，参与国际碳配额市场程度较低

参与欧洲碳市场的活跃和资本市场带来的高收益吸引了国内金融机构的关注和实质参与。但目前国内仅有深圳发展银行和中国银行在2007年8月推出了“二氧化碳挂钩型”人民币/美元理财产品，挂钩标的是ECX上市、交易非常活跃的欧盟第二阶段的EUA期货合约，而且目前此类业务仍处于探索阶段。除碳交易本身，EU-ETS还催生了相关的金融服务产业，涌现出不少专门从事碳排放交易的公司，提供碳排放市场资讯、研究和经纪服务。这一服务行业的缺乏也是国内企业或机构参与国际碳交易的瓶颈之一。

2. 中国CDM碳市场缺乏中间商，目前仍处低端环节，间接参与碳配额交易的程度有限

从目前状况来看，在京都议定书机制下，对发展中国家来说，CDM是三种灵活机制中比较可行的一种。特别就中国情况来看，已经具备《马拉喀什协议》的条件，同时，也具有很广大的CDM应用前景。我国相关设备及技术水平相对落后，且具有低廉的劳动力成本、较好的政策环境与经济发展潜力。这些特征一方面使得减排成本相对较低，能够吸引发达国家的项目技术投资，然而另一方面，也反映了在全球范围的碳交易中，我国仍处于低端市场。西方中间商在中国以8—10美元的价格收购初级CER，在欧洲碳市场包装成EUETS第二阶段的CER期货合约，价格就涨至15—17欧元，增值幅度达100%。

3. 中国 CDM 项目运行模式单一，机会成本高、市场影响弱，参与国际碳市场尚不规范

中国 CDM 项目运行模式仍比较单一。已被政府批准的 CDM 项目有 1000 多个，其中绝大多数属于双边远期 CER 合同，价格长期锁定，买方承担 CDM 开发和 CER 交付的各种风险。虽然风险相对较低，但仍需要面对买方不履行或卖方机会成本损失。但目前中国业主通常更重视短期效益，缺乏风险意识和对国际市场的了解，只要有买家出价合适就卖出，没有对 CER 价格波动进行风险管理和控制；另一方面，国内相关服务行业缺失，CDM 项目供大于求，基本处于买方市场，各项目之间互相压价竞相出售。这两方面因素相互作用，使得我国在国际碳市场尚属势微。事实上，作为 CER 的最大供应国，中国应是国际碳市场的主体，在价格上具有话语权，但由于语言障碍、商业和风险意识缺乏等诸多因素，众多中国企业对 CDM 国际规则及盈利模式缺乏深入的理解和应用，因此在双边谈判中处于弱势，造成 CER 价格较低并且注册后 CER 的账户归属等方面没有取得公平权利。

4. 中国碳交易市场仍处于原始阶段，价格形成机制缺位，政府和机构投资者任重道远

发达国家的政府和商界对碳资源的价值有很高认识。英国在欧洲最早实施了碳排放交易制度，是后来 EU-ETS 的基本框架。政府制定了透明、简便的碳交易项目申请程序，并且依赖于成熟的金融市场和世界金融中心的地位，吸引了大批碳基金和相关咨询机构在英国进行碳交易活动。相比之下，中国的政府和投资者需要及时认识到市场中碳的“货币”属性。中国碳交易市场仍处于原始阶段，以公司之间的场外交易为主，缺乏价格形成机制。CDM 市场缺乏规范和监管，供需双方信息不透明，买卖双方和中间商缺乏标准和资质。

5. 亟待设计标准和产品

环境交易所成立为碳交易提供了资源整合和专业运作的平台。到

目前为止，中国无论是CDM还是二氧化碳排放总量都排名世界第一，但中国的主要交易买家都在欧洲，国内目前还没有形成真正的碳市场。随着2012年京都议定书第一承诺期日益临近，中国急需设计自己的碳交易标准和产品，建立自己的碳交易机制，这样才能掌握碳交易的游戏规则。

6. 碳交易所发展路线不清晰

碳交易能否迎来总量控制的目标体系，是启动排放权配额交易时各交易所最关心的问题。业内人士认为，目前国家谈低碳经济不太关注金融体系，而更为关注能源结构调整，更多的是利用财政手段支持企业减排，较少考虑碳金融体系和金融市场的构建。我国提出的碳排放强度减排目标令碳排放交易市场大受鼓舞，但要用排放强度指标去设计碳交易市场还需要理清逻辑关系。此外，我国减排的完整目标体系尚未建立，包括如何落实碳排放强度指标，如何分配减排任务等。单靠行政手段来减排综合成本过高，国际社会也不容易接受，因此应引入碳交易市场等市场机制来帮助我国达成减排目标，用市场的价格信号及惩罚与补偿机制等手段来推进企业节能减排，使要素向低碳方向聚集时效率是最高。由于我国碳交易市场尚未真正启动，碳交易排放权的交易量几乎可以忽略不计。交易所在业务方向的选择上存在一定的盲目性，主营业务往往是与碳排放权交易关联度不高的“边缘”项目，还有些是涉及低碳的技术转让，甚至是与碳交易并无直接关系的投融资业务，有时还存在跟风现象。

目前我国大部分以碳交易名义设立的环境权益类交易所，仍处于碳交易模式的探索阶段，市场存在众多缺口。但交易所的成立和运营需要大量的资金投入，还需要高端的技术和人才支持，加之碳交易相关业务的开发也要求资金和技术的高密度投入，这就要求交易所必须有足够的盈利空间来维持自身的生存。然而，由于我国尚未制定总量控制目标，无法进行配额交易，而交易所在CDM项目中难以实现盈利。因此，自愿减排交易被交易所认为是比较符合现阶段国情的一种尝试。

7. 交易场所鱼龙混杂亟待规范

自 2008 年以来，全国各省市跟风成立环境权益类交易机构。2008 年 8 月 5 日，北京环境交易所和上海环境能源交易所在同一天成立；同年 9 月 25 日，天津排放权交易所成立；随后武汉、长沙、深圳、昆明等地纷纷成立了环境权益交易所。交易所的无序化发展也将给我国碳交易市场的全面启动带来负面影响。在总量控制等国家有关政策出台之前，碳交易缺乏原始驱动力，交易所的重复建设只能是对社会资源的浪费。即使碳交易市场真正启动，也难以支撑那么多家碳交易所的运营。排放权产生交易的前提是存在差异性，地方性壁垒与封锁难以支撑碳市场的交易流通。

此外，大量交易所在碳交易无项目可做的情况下谋生，也可能导致恶性竞争。业内人士普遍对国内碳交易所的兴建热潮表示了担忧，认为目前国内的碳交易规模根本支撑不起多家交易所的业务，更何况环境权益类交易架构的成立和运营需要很高的资金、技术投入。由于当前国内碳交易没有实行总量控制，无论是市场需求还是企业自愿减排的动力都不足。在没有碳排放总量控制的前提下，推广自愿减排的项目象征意义大于实质意义。

8. 缺乏总量控制，自愿减排动力不足

由于中国目前没有实行碳排放总量控制，无论是市场买方还是供方进行减排，大多是自愿为环境保护作贡献，这导致自愿减排的需求不大。北京环境交易所尝试了一年多的自愿减排项目交易，纯粹市场化的还是比较少，大都只具有象征意义。虽然近年来，国内各地都在搭建交易所，力图在自愿减排方面有所作为。但是，这数十家碳交易所数年来仅仅完成了少量场内交易。国内市场要想形成交易规模，必须要等到国外对中国减排指标需求停止、同时国内大力鼓励和促进清洁能源使用和发展之时。到那时，政府会对高耗能、高污染的企业出台强制减排政策，对在正常排放的情况下能减少排放的社会单位出台

鼓励政策。

9. 交易所业务发展方向存在盲目性

由于我国碳交易市场尚未真正启动，碳交易排放权的交易量几乎可以忽略不计。交易所在业务方向的选择上存在一定的盲目性，主营业务往往是与碳排放权交易关联度不高的“边缘”项目，还有些是涉及低碳的技术转让，甚至是与碳交易并无直接关系的投融资业务，有时还存在跟风现象。

目前我国大部分以碳交易名义设立的环境权益类交易所，仍处于碳交易模式的探索阶段，市场存在众多缺口。但交易所的成立和运营需要大量的资金投入，还需要高端的技术和人才支持，加之碳交易相关业务的开发也要求资金和技术的高密度投入，这就要求交易所必须有足够的盈利空间来维持自身的生存。然而，由于我国尚未制定总量控制目标，无法进行配额交易，而交易所在 CDM 项目中难以实现盈利。因此，自愿减排交易被交易所认为是比较符合现阶段国情的一种尝试。

当前，国内已成立多个碳排放交易所，主要包括成立于 2008 年的北京环境交易所、上海环境能源交易所、天津排放权交易所以及 2010 年 10 月成立的深圳排放权交易所等等。由于国家层面的碳交易办法没有出台，各个交易所在开展碳交易活动时会受限于各地经济结构模式、计量办法、交易规则等一系列影响因素，发展速度不尽相同，因而也背离了碳交易活动统一化的初衷。

10. 我国碳信用、碳金融市场发展中存在的问题

市场体系不健全，国内金融机构对碳信用的参与度不高。碳信用在我国传播时间有限，国内许多企业还没有认识到其中蕴藏着巨大商机。同时，政府及国内金融机构对碳信用的价值、战略意义、操作模式、项目开发、交易规则等尚不了解。目前，除少数商业银行关注碳信用外，其他金融机构鲜有涉及。中介市场发育不完善。碳减排额是一种虚拟商品，其交易规则十分严格，开发程序也比较复杂，销售合同涉及境外客户，合同期限很长，非专业机构难以具备此类项目的开发和执行能力。

碳金融产品数量和创新不足。我国只有商业银行及政府推出了一些金融产品，投行和交易所还没有参加进来，虽然兴业银发展银行做了一定的开发，但不论产品数量、功能还是多样性方面都难以满足市场的需求。

二、原因分析

1. 碳交易市场的意义已被广泛认同，但政府主导的统一规划工作尚未展开

从国际经验看，欧盟、英国、美国建立的都是统一的碳交易市场。中国碳交易市场发展潜力巨大，政府更应统一规划。但截至目前，政府主导下的碳交易市场发展统一规划工作尚未展开，这不仅不利于统一标准的执行，造成资源浪费，也不利于和国际碳交易市场对接。

2. 碳排放权不具备商品属性，配额交易市场缺乏前提条件

碳交易市场交易的商品是碳排放权。碳排放权是无形的虚拟品，只有经过核证之后才能成为商品，而碳交易市场进行有效核准的前提是碳排放权的初始分配。其中，后者关系到整个碳交易市场的运行效率甚至是成败。目前，中国尚未赋予碳排放权商品属性，也没有形成碳排放权的分配机制。这是制约国内自愿交易难以开展的基本问题。

3. 碳交易价格机制尚未形成，碳交易发展受到制约

中国涌现出大量的环境权益交易机构，但它们都还算不上真正意义上的碳排放权交易平台，在实际交易中更多的是以商谈的方式形成交易价格，无法形成真正意义上的价格形成机制。此外，政府主导下的碳交易价格，具有一定的行政色彩，没有发挥市场自动调节和资源

配置的功能。

4. 行业和能源管理体制障碍难以突破

发展碳交易市场是为了通过市场化的方式对碳排放权进行定价，但中国高碳行业以及能源管理在改革进程中积攒的问题如“市场煤、计划电”等导致的行业体制障碍、能源管理体制障碍，增加了碳交易买卖双方利益分配的复杂性。

5. 登记、核查、市场监管体制不健全，碳交易市场运营必需的制度环境建设滞后

中国缺少碳排放权交易方面的法律法规，甚至连一个碳排放权交易指南都没有，无法实现碳交易过程中的准确登记、核查和监督。这是交易风险难以防范的主要根源。

6. 法律基础缺失

《清洁发展机制项目运行管理办法》对清洁发展机制在中国的运行和管理作了具体规定，确立了中国以清洁发展机制为载体的温室气体交易的法规体系，但未对是否允许在我国开展 CER（二氧化碳核证减排量）交易作出规定。其他的如二氧化硫、COD 等排污权交易，也无法可依，以致从根本上无法律界定其所有权和是否可交易的性质。

7. 国内市场条件不成熟

第一，单边项目较少。我国国内市场的碳交易市场目前较多从事 CDM 项目挂牌交易，交易标的还停留于传统的产权交易范畴，还未真正进行 CER 竞价。第二，我国金融监管严格。另外，主要污染物排放权交易方面也存在一些困难，一是地方保护主义仍然存在。一些地方政府认为，限制排污就是限制生产，出于对本地经济利益的考虑，往往默许企业增加排污量。二是环保的“总量控制”和追求经济增长之间的矛盾难以平衡。

8. 机构缺失，监管不力

由于我国目前的碳排放交易市场还不完善，企业实现碳排放交易基本是靠国家、地方环境管理部门或是政府来牵头实现，其中行政干预的力度较大，没有真正体现出市场的力量和作用。在这种情况下达成的交易，缺乏效率，企业可选择的交易对象范围窄，实现交易时的价格非透明化，可比较性差，所以具有较高的交易成本。

9. 宏观和微观经济影响因素

(1) 气体排放权初始分配制度的缺失。首先，我国目前主要是采取自愿减排措施，许多产业担心，现在减排越多，日后实施总量管制时，自己所分配到的排放权会相应减少。如何实现领跑者与追随者二者之间利益关系的平衡问题还有待解决。其次，由于政府失灵的存在，原始排放权由管理部门分配有失公正。

(2) 碳排放源难以监测。

(3) 碳排放权交易的定价问题。我国目前主要是依据国外定价机制，未形成自己的价格机制，价格往往不能反映出真实价值。同时由于初始排放份额的分配由政府规定，在行政体制的干涉下，碳排放权交易的价格往往受到人为扭曲，导致市场交易不规范。

(4) 排放权收费及处罚标准较低。现行排污权收费标准远低于污染治理设施的正常运行成本，大多数只有治理设施运行成本的 50% 左右，有的甚至不足 10%，不但达不到刺激企业治理污染的目的，而且造成企业花钱买排污权的现象。此种现象不利于我国碳排放交易市场的展开。

(5) 技术条件相对落后。我国有关清洁生产技术取得了很大的成果，但是一些国际尖端的节能减排、清洁生产的技术与工艺还未完全掌握。相对落后的技术导致我国碳排放权交易的价格偏高，没有很好地反映出产品的真实价值，不利于市场机制的充分发挥，对碳排放交易产生影响。

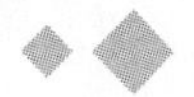

第三节 清洁发展机制在我国的实践

一、清洁发展机制简介

《京都议定书》第十二条规定了清洁发展机制 (CDM)，其基本含义为：根据《京都议定书》的规定，清洁发展机制是作为附件 I 国家的发达国家缔约方为实现其部分温室气体减排义务与非附件 I 国家即发展中国家缔约方进行项目合作的机制，目的是帮助发展中国家缔约方实现可持续发展和进行国家应对气候变化的能力建设，促进《公约》最终目标的实现，并协助发达国家缔约方实现其量化限制和减少温室气体排放的承诺。清洁发展机制的核心是允许发达国家通过与发展中国家进行项目级的合作，获得由项目产生的"经核证的减排量 (CER)"。概括地说，就是发达国家通过提供资金和技术的方式，与发展中国家合作，在发展中国家实施具有温室气体减排效果的项目，项目所产生的温室气体减排量用于发达国家履行《京都议定书》的承诺，即以资金加技术换取发展中国家的温室气体排放权。按照《京都议定书》的要求，清洁发展机制本身有两个目的：帮助发达国家实现减排指标和帮助发展中国家实现可持续发展。

1. CDM 的优点

相对于 JI 和 ET 的优点，CDM 成为《公约》各缔约国普遍关注的履约机制。

首先，清洁发展机制使《公约》所有缔约国参与到减排的行动中来。清洁发展机制将减排和抑制全球气候变暖的事业推广到《公约》所有缔约国，而《公约》缔约国是全球绝大多数的国家，为世界各国参与到抑制全球变暖的行动中来创造了条件。清洁发展机制项目开发所产生的经核证的减排量的交易发生在附件Ⅰ国家和非附件Ⅰ国家之间，在项目开发过程中，资金和技术的转移同样在这两类国家之间进行。与联合履行机制和排放贸易不同的是，附件Ⅰ国家和非附件Ⅰ国家在技术上的差异是很明显的，这种技术的国际流转对于增强非附件Ⅰ国家应对气候变化的能力很有意义。《京都议定书》没有规定非附件Ⅰ国家如何努力减排，在这种情况下，如果放任这些国家随意排放，则不论附件Ⅰ国家如何努力，都远远不能抵消发展中国家巨量排放所带来的温室气体增加。通过清洁发展机制，非附件Ⅰ国家大大提高了减排能力，降低了产业的减排或减缓了温室气体排放的增长速度，为全球应对气候变暖作出贡献。

其次，CDM有利于减排量的长期增长。在减排量交易或转移这一表面特征上，清洁发展机制与排放贸易和联合履行机制是相同的。单从数量上看，清洁发展机制经核证的减排量的转移也仅仅使得附件Ⅰ国家完成了《京都议定书》规定的减排义务，但清洁发展机制与另两种机制的区别，在于它提高了发展中国家环境保护的能力和减排能力，提高了这些国家可持续发展的能力，为它们将来履行更大的义务打下基础。从长远看，这有利于抑制全球变暖。

再次，清洁发展机制有利于尊重各国的环境主权权利，根据“条约必须信守原则”，《公约》各缔约国应当尽力减排。对于许多国家而言，减排是一件痛苦的事情，是一个两难境地，往往意味着在环保和经济发展之间“走钢丝”。有的缔约方在签订《公约》后阳奉阴违，履约缺乏诚意，效果不佳。而在清洁发展机制下，减排成了发展中国家和发达国家双双获益的途径，所以其实施该机制的积极性较高，各国更易于采取符合《公约》要求的国内政策和措施。这实际上是对“主权”原则的尊重和在国际法制度上对国家行为的有益引导，也使各国更易于遵行“条约必须信守”原则的要求。

2. CDM的影响力

尽管中国占据了全球签发CER的半壁江山，但放在国际碳市场结

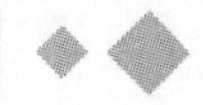

构看，中国所占份额尚不足1%。最主要原因是CDM不是国际碳市场的主流，市场容量和辐射效应都很有限。

第一，CDM是基于项目的交易，难以构成一个成熟的、流动性充足的市场体系。项目交易属于企业个体行为，交易成本高，市场流动性差，不具有更广泛经济辐射力和影响力。与之相比，配额交易是国际排放交易体系的真正主力，2009年碳配额市场的交易量和交易额分别占到了全球碳市场总计的84.6%和85.5%。

第二，CDM是国外制定规则的游戏，中国的话语权有限。

第三，从实践来看，CDM并未对我国企业投资和开发低碳技术产生根本性影响。CDM交易对我国企业投资与开发低碳技术的激励不够充分，这主要表现在CDM交易中技术转让与开发部分很少出现，这其中有国外买方的原因，但更重要的是，没有合理的、具有指导意义的国内碳价，企业对于减排温室气体的成本失去了重要的参照物，也就难以衡量和比较应用不同低碳技术与获得温室气体收益之间的关系，阻碍了低碳技术的商业化和再投资。

二、我国CDM项目的开展状况

我国清洁发展机制(CDM)项目自2005年1月25日首个获得国家批准项目起，经历短期的经验积累后迅速进入快速发展阶段，至2009年1月26日，我国CDM项目注册数首次超过印度，实现注册项目数、注册项目预期年减排量以及签发的核证减排量全面超过印度，跃居全球首位，而后一直稳居全球第一，并且领先优势逐步扩大。截至2010年12月31日，我国已有2847个项目获得国家主管机构批准，这些项目的预期年减排达4.90亿吨二氧化碳当量，其中有1145个项目获得联合国CDM执行理事会批准注册成功(占全球已注册项目总数的42.32%)，项目的预期年减排量达2.60亿吨二氧化碳当量(占全球已注册项目预期年减排总量的62.0%)。在注册项目中，有337个项目2.65亿吨二氧化碳当量的核证减排量获得签发(占联合国CDM执行理事会已签发核证减排量的 53.5%)。中国清洁发展机制基金作为国务院批准设立的创新应对气候变化机制的专项基金，具有政策性和市场性的双重功能，其主要任务是“促进低碳经济发展的产业化、市场化、社会化和国际化”，通过创新和市场这两个杠杆，撬动更多的社会资源进入应对气候变化的领域，逐步把应对气候变化事业演变为一个新兴的产业，让低碳经济成为中国新一轮经济增长的动力之一。

2004 年 7 月 1 日，我国颁布了《清洁发展机制项目运行管理暂行办法》，提出清洁发展机制项目实施的优先领域、许可条件、管理和实施机构、实施程序以及其他相关安排，并于 2005 年 10 月 12 日开始实施。我国积极参与 CDM 项目合作，截至 2009 年 4 月，国家发改委批准的 CDM 项目接近 2000 个，在联合国 CDM 执行理事会注册成功的项目接近 500 个，居世界首位。这些项目主要集中在新能源和可再生能源，节能和提高能效这两大领域，其次是甲烷回收利用、低排放的化石能源发电、燃料替代、燃料转换、分解温室气体 HFC-23、N_2O 减排，分解 N_2O。但从减排量来看，我国主要减排量来自于 HFC-23 和 N_2O 项目。这两类项目只需要在现有设备上稍微进行技术改进，即可获得大量温室气体减排，开发成本低，风险低，收益大，项目开发者最乐于开发。但是，此类项目对东道国的区域环境改善、社会环境效益增加和可持续发展贡献并不大。可再生能源项目、能效提高项目、甲烷回收利用项目等对技术转让和新技术应用促进较大，可改善居民生活条件、提高就业率，对落后地区扶贫帮助也很大，具有明显的可持续发展效益，但往往属于资金密集型，减排成本较高、风险较大、投资回收期长，产生的 CERs(Certification Emission Reduction，核查证实的温室气体减排量)较少，而不被重视。

1. CDM 在我国的兴起与发展

经过三年多的艰苦谈判，2001 年 10 月在摩洛哥马拉喀什举行的第七次缔约方会议上，与会各国就《京都议定书》第 12 条所规定的 CDM

的方式和程序达成一致，标志着 CDM 的正式启动。为加强我国政府对 CDM 项目活动的有效管理，维护我国的权益，保证 CDM 项目的有序进行，2001 年国家应对气候变化对策协调小组办公室组织有关专家和有关部门的负责同志，着手起草《CDM 项目运行管理暂行办法》，这也标志着 CDM 项目在国内开始得到政府的鼓励和支持。

(1) 能力建设与起步阶段 (2001—2005 年)

在起步阶段，政府在 CDM 的宣传和普及方面下了很大的工夫。为使各级地方政府和相关企业充分认识到利用 CDM 发展低碳经济的意义和作用，中国从 2001 年进行了大量的推动国内 CDM 能力建设的活动，开展了大量的科学研究和理论探讨，采用“干中学”(learning by doing) 的方式，培养 CDM 示范项目，组织对典型项目的全面研究和总结，在积累经验的基础上，完成了一批进行 CDM 活动的基础建设，包括在四川、甘肃、宁夏等地的科技系统内建立了 CDM 专家团和地方技术服务中心。

通过几年的市场培育过程，地方政府和相关企业在经过观望之后，对 CDM 的重视程度不断提高。与此同时，CDM 项目从无到有，国家对 CDM 的管理办法逐步完善，审批的速度也明显加快。与世界上其他发展中国家相比，中国 CDM 项目的起步还是显得有些缓慢。截止 2005 年 12 月 31 日，在 UNFCCC 网站上公示的 569 个项目中，印度所占比重最大，项目数高达 221 个；巴西居第二位，有 109 个项目；中国公示的项目只有 27 个。这就使得 CDM 项目在中国处于供不应求的局面。不仅中国政府鼓励开发 CDM 项目，就是作为买方的西方国家政府和相关机构，也纷纷到中国进行宣传和演讲，寻找更多的合适的投资机会。我国清洁发展机制项目类型主要分为 11 类，分别为：

①新能源和可再生能源，主要包括风电、水电、生物质发电、太阳能、地热能、潮汐能等；

②节能和提高能效，主要包括节能技改、余热余压利用等；

③甲烷回收利用，主要包括煤层气、垃圾填埋气、户用沼气等；

④燃料替代，主要包括天然气代替燃煤发电、锅炉燃煤替代等；

⑤原料替代，主要包括废弃物代替石灰石制水泥等；

⑥垃圾处理，主要包括垃圾焚烧、垃圾堆肥等；

⑦资源回收利用，主要指对工业废气、废料中有价值资源进行回收再利用；

⑧三氟甲烷 (HFC-23) 分解，主要指氟化工产品二氟一氯甲烷 (HCFC-22) 生产过程中产生的高温室效应副产物 HFC-23，经焚烧或催化转化为无温室效应或者低温室效应气体；

⑨氧化亚氮 (N_2O) 分解，主要指硝酸、已二酸等生产过程中产生的高温室效应副产物 N_2O，经焚烧或催化转化为无温室效应或者低温室效应气体；

⑩六氟化硫 (SF_6) 回收利用；

⑪造林再造林。

表 6—3　中国 CDM 项目进展情况（截止 2005 年 12 月 31 日，单位：个）

项目类型	风电	水电	垃圾填埋气	HFC-23 分解项目	余热回收	燃料转换	合计
已公示	14	3	4	4	1	1	27
已获批准	8	2	3	4	1	0	18
已注册	1	1	1	0	0	0	3

(2) 稳步增长阶段 (2006—2007 年)

2005 年 10 月修订过的《CDM 项目管理办法》出台，标志着中国 CDM 项目进入稳步增长阶段。

由于该管理办法指出开展 CDM 项目的重点领域是以提高能源效率、开发新能源和可再生能源为主，因此，这一阶段我国所开发的 CDM 项目重点在以上这三个领域。截止 2007 年 12 月 31 日，我国共有 1028 个 CDM 项目获得国家发展和改革委员会批准。

表 6—4 中国已批准 CDM 项目的减排类型及项目数量

（截止 2007 年 12 月 31 日）

减排类型	项目数量/个
新能源与可再生能源	742
节能和提高能效	167
CH_4回收利用	64
分解N_2O	18
燃料替代	15
分解HFC-23	13
电石渣替代石灰石	2
低排放的化石能源	3
造林与再造林	1
废弃物处理	1
水泥生料替代	1
燃料转换	1
总计	1028

表 6—5 新能源和可再生能源 CDM 项目类型分布（截止 2007 年 12 月 31 日）

能源类型	项目数量/个
水电	538
风电	155
生物质发电	32
其他	17
总计	742

CDM 项目已由少数几个地区扩展到全国 31 个省（自治区、直辖市），并且呈现出一定的地域性和行业性。风电项目主要集中在沿海地区、内蒙古、新疆和东北三省；水电项目主要集中在云南、四川、湖南等地；煤层气的回收主要集中在山西、河南和安徽等地。

截止 2007 年 12 月 31 日，我国共有 948 个项目公示，150 个项目获得注册，30 个项目获得签发，总签发减排量达到 25792436 吨二氧化碳当量。与印度、巴西两个起步较早的国家相比，增速明显加快。从

2006 年第三季度开始，中国超过印度成为每季新增项目最多的国家。另外，由于中国 CDM 项目的平均规模较大，因此在截止 2012 年底的累计减排量方面也领先于其他发展中国家，占到全世界总量的 40% 以上。在中国 CDM 项目稳步增长的同时，进入中国市场的买家也越来越多，并且呈现多样化。按照商务模式可以分类为多边基金、政府购买计划、商业和发展银行 (各类基金) 以及专门从事 CER 买卖的中间商。

(3) 快速、深度发展阶段 (2008—2009 年)

2008 年 1 月，中国第一个黄金标准 (GS)CDM 项目——福建六鳌二期 45MW 风电项目通过 EB 的审核，同年 2 月在 GS 委员会注册成功。这标志着中国 CDM 项目高质量开发的开始，同时也意味着中国 CDM 进入快速发展阶段。在这一阶段，中国的 CDM 市场不仅在规模上保持着既有的扩张速度，而且在深度方面不断突破。

2008—2009 年中国有 1299 个 CDM 项目获得国家发展和改革委员会审核并批准。项目类型方面仍以三大领域为主：新能源与可再生能源 (68.82%)、节能和提高能效类 (20.09%) 及回收利用 (7.31%)，共占项目总数的 96.22%。

与其他发展中国家相比，我国 CDM 项目的增长速度保持首位。2008—2009 年在 UNFCCC 网站上公示 1335 个项目，占全世界同时期公示项目总数的 42%；575 个项目获得注册，占全世界同时期注册项目总数的 52%。截止 2010 年 3 月底，中国 CDM 项目已签发减排量接近 2 亿吨二氧化碳当量，占全球总签发量的 48%。随着 2008 年 1 月我国第一个 GS 项目注册成功，中国 CDM 市场也开始走向质量的提升阶段。规划类 CDM(programmatic clean development mechanism，PCCM) 等新开放模式出现。

三、CDM 自身的局限性和缺点

作为一种国际性碳减排机制，清洁发展机制也存在着立项程序复杂、周期长，交易成本高，项目风险大的缺点，具体而言：

第一，立项程序复杂、周期长。在中国，整个CDM项目的开发和完成需要经过中方企业和项目开发商合作寻找项目，编制规定申报文件PIN和PDD(即项目概念性文件、可行性研究报告、项目设计书)，由联合国认可的经营机构DOE对申报文件进行全面核准，通过项目开发商寻找国外买家，向国家CDM管理提交项目申请书和相关项目支持文件，提交联合国气候变化框架公约执行理事会(EB)申请、批准等多个程序，且涉及多方机构、程序复杂、协调难度大、整个CDM项目从开发到最终批准是一个严谨复杂的过程，而且技术含量较高，一个项目从申请到批准需要3至6个月时间。

第二，交易成本高。与一般投资项目相比，CDM项目需要经历额外的审批程序，项目开发者需要承担一些额外的交易成本，包括项目搜寻费用、准备项目技术文件的费用、准备CER购买协定的费用、指定经营实体(DOE)进行项目审定的费用、项目注册费用、项目监测费用、核查和核证费用、适应性费用、管理费用，以及东道国可能收取的费用等，这些交易成本将会影响项目的成本有效性。其中一些交易费用可以通过一定的方式降低，例如，随着高水平的技术服务单位越来越多，准备项目文件的成本将逐步降低；随着国际碳市场上项目经验的逐渐增多，一些交易的CER购买合同有可能作为样本，因此相关的交易成本也可以相应降低；通过对类似项目进行打捆也可以降低交易成本。另外，在有些交易中，减排量的卖方也愿意承担一定的前期成本，从而可以降低项目业主的部分风险。

第三，项目风险大。除了与其他项目一样需要面对财务和其他风险外，CDM项目还面临着项目不能成功注册，从而无法产生减排量的风险。在项目设计中，对项目注册风险进行评估是非常重要的，需要对基准线和监测方法学进行合理选择。项目双方需要就这一风险的承担责任达成共识，并且需要在投资协议中明确指出如何减低和分担风险。

四、CDM项目实施中存在的问题

目前我国国内CDM面临的主要问题是，政策不明朗，碳资源稀缺性无法体现，市场缺乏动力；技术尚未成熟，交易基础缺失；流动性缺乏、机制尚未完善。具体而言：

1.项目分布不合理

从已注册项目的分布区域看，CDM并没有在贫穷落后地区取得较好发展。目前我国三分之二的减排量来自于东北以及东部沿海区域，且主要集中在城市或者较发达地区，真正惠及贫穷区域的项目较少。截至2009年3月31日，我国12个欠发达的中西部省区（包括青海、新疆、陕西、甘肃、宁夏、内蒙古、重庆、西藏、云南、贵州、四川、广西）已在EB注册的CDM项目数占全国已注册项目总数的41%，为83个。从已注册的项目类型来看，二氧化碳减排项目占据了绝大部分。截至2009年3月31日，在EB注册的CERs中约有60%来自于HFC-23项目。然而，HFC-23项目技术较为简单，对可持续发展的贡献并不大。相对而言，可持续发展强调的可再生能源开发项目以及提高能效项目比重较小。目前的项目主要集中在工厂或者其他大型集中的区域场所，而对于一些分散的减排量较大的项目，如家庭住户的可再生能源推广项目或者节能、建筑节能等项目，由于减排活动的高度分散性，在现有CDM框架下项目交易费用较高，难以开发。

2.推动技术转让的效果欠佳

技术转让是帮助发展中国家实现可持续发展的最有效手段，因为其可快速提高发展中国家应对气候变化的能力。在气候变化国际谈判中，技术转让总是最重要的议题。一些CDM项目，因为有高昂的商业回报，可以为技术转让提供机会。但在CDM项目实践中，真正能实现技术转让的案例很少，大多数情况下，CDM仅是纯商业交易项目，CER买卖双方仅出于获得利润的目的，并不关注CDM项目能带来多少技术转让。

3. 缺乏规范指导，偏离方法学要求

由于我国实施 CDM 项目还处于探索阶段，没有规范的指导守则，国内许多在应用相关方法学进行时为图省事，常常根据实际容易获得的数据对计算方法进行一些变动，这往往被负责审核的经营实体(Operational Entity，OE) 视为对方法学应用的某种偏离而遭到质疑。在项目选择上，许多国内企业忽视了 EB 对于这些项目规定和提倡的条件要求，没有从根本上了解项目的实际环境意义，从而导致了项目申请注册的命中率不高。

4. 信息不对称，延误注册时机

国内许多企业对 CDM 项目实施此还比较陌生。在我国一些能够实施温室气体减排、符合 CDM 项目要求的企业大多分布在偏远地区，消息比较闭塞，很多企业在听说可以实施 CDM 时，都已经建成投产了，错过了申请注册 CDM 的时机。由于《京都议定书》只规定了附件 I 国家 2008 年到 2012 年的减排义务，因此 CDM 机制不仅具有国际性，更具有时效性。地方各级政府部门和企业由于缺乏相关知识和处理国际事务的经验，往往在论证 CDM 的过程中花费了大量精力和时间，错过了注册机遇。

5. 管理体制有待进一步完善

我国《清洁发展机制项目运行管理办法》对项目业主的要求仅为中资或中资控股，没有明确 CDM 项目带来的对可持续发展的影响，对项目参与方，特别是咨询公司和中介公司的资质和行为规范并无明文要求，这在一定程度上也造成了国内 CDM 市场有些混乱。

五、我国 CDM 项目开发的主要经验

1. 政府的推动作用是第一要素。自 CDM 实施伊始，我国政府即高度重视并大力支持，先后成立了专门管理机构，出台了专门的管理办法；设定了 CDM 项目收入的国家与企业分配制度，成立了中国

清洁发展机制基金，促进了我国的CDM、节能减排和应对气候变化工作。

2. 各种活跃的咨询公司是我国CDM发展的重要引擎。在国内培养了一批专业化的CDM项目咨询机构。他们在市场利益驱动下，主动跑项目，向项目业主推介CDM，提供一站式服务，大大推动了CDM在我国的普及和发展。

3. 就激活的资金而言，CDM已累计为我国带来资金约20亿美元，而同时通过CDM项目的开发、建设和运行等间接撬动的融资资金达数百亿美元。

4. 通过CDM，低碳发展理念和碳市场机制的有效性被广泛接受。在我国实施短短五年时间，CDM无论作为推出的概念抑或有效的减排市场机制都已被广泛接受。鉴于此，国家明确提出“十二五”期间健全节能市场化机制，逐步建立碳排放交易市场。

六、发展我国CDM项目的改进建议

目前，我国仍存在CDM项目注册通过率低、项目地区分布不均衡、项目类型有限等问题。因此，建议国家及有关机构从以下几方面加强工作。

1. 进一步加大政府管理力度，把好CDM项目入口关，维护我国项目在国际上的声誉。

2. 加大对咨询公司的培养和管理力度。我国应对该行业的咨询服务机构设立准入门槛，以保证咨询机构的服务质量和开发CDM项目的质量。加大对国内指定经营实体的培养，以弥补本土指定经营实体严重不足的被动局面。进一步为企业提供有关CDM的帮助，同时使更多企业认识、利用CDM这一有益的工具，参与我国节能减排活动。

3. 扩宽CDM项目类型。目前，新能源可再生能源类项目占项目总数的70%以上，其他类型项目发展有限，这主要受制于新项目申请繁琐。我国节能减排空间最大的是工业能效提高类活动，故建议国家有计

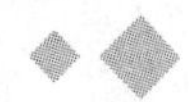

划有组织地推动这一领域 CDM 项目方法学的开发，使我国更好地借助国际资源推动国内节能减排活动。

4. 结合各地情况，推进 CDM 项目更好发展。对于 CDM 项目开发较少的省份（如海南、青海等），应重点进行能力建设，宣传 CDM 有关概念，引导其向周边省份学习，帮助其项目开发和实施。对于国家批准项目数量较多，但注册成功项目数及核证减排量签发较少的省份（如黑龙江、河南等），应帮助其提高项目实施能力。

5. 探索 CDM 项目与国际碳市场发展相结合的途径。鉴于后《京都议定书》时代即将到来，应密切跟踪国际气候变化谈判的最新进展，及时判断后《京都议定书时期》CDM 的走向，着手考虑我国处于不同阶段项目的出路问题。开展南南合作，将我国经验传授给其他发展中国家，帮助他们提高开展 CDM 活动的能力。这既可以提升我国的国际形象，赢得其他发展中国家的支持，缓解国际气候变化谈判压力，同时还有利于 CDM 在全球健康、可持续发展。针对欧盟决定在 2013 年开始禁用由三氟甲烷 (HFC-23) 分解和己二酸类氧化亚氮 (N_2O) 分解类 CDM 项目产生的核证减排量，应考虑我国这两类项目的出路问题，维护国家和企业的利益。

表 6—6　国家批准项目数的地域分布状况

省份	项目数	比例(%)
云南	300	10.54
四川	281	9.87
内蒙古	206	7.24
湖南	155	5.44
甘肃	148	5.19
山东	143	5.02
其他	1614	56.70
合计	2847	100

资料来源：中国清洁发展机制网站，2012 年 7 月 18 日。

表 6—7　我国注册项目数的地域分布状况

省份	项目数	比例(%)
云南	137	12.0
内蒙古	120	10.5
四川	104	9.1
甘肃	76	6.6
湖南	67	5.8
山东	48	4.2
其他	593	51.8
合计	1145	100

资料来源：中国清洁发展机制网站，2012 年 7 月 18 日。

第四节　我国碳市场发展趋势展望

2009 年我国的 GDP 占世界 7%，碳排放却占到 20% 以上。中国今后的排放总量很可能从现在的近 70 亿吨上升到 100—120 亿吨。在很多发达国家看来，未来中国很可能成为全球最大的碳市场。2009 年全球碳市场市值达到 1440 亿美元，预计到 2020 年全球碳市场将增长至 3.5 万亿美元，将与石油交易市场并列成为全球最大的交易市场。要实现我国政府作出的到 2020 年实现单位 GDP 二氧化碳排放比 2005 年下降 40%—45% 的目标存在很大困难，主要原因是我国关于结构调整的中央政策与地方的落实尚存在较大的差距，而我国面临的问题不仅是产业结构的调整，还包括外贸结构的调整，以往我国的出口以原材料和高排放产品为主，未来的出口结构亟待调整，否则将在应对气候变化方面处于很被动的地位。在《京都议定书》生效之后，国际上已有不少灵活的合作机制，例如国际排放贸易机制、联合履行机制、清洁发展机制，这开辟了二氧化碳排放进入国际市场的渠道，而碳交易市场也有望形成在全球范围内统一的类似 WTO 的新国际市场。碳金融有可能成为未来重建国际货币体系和国际金融秩序的基础性因素。目前发达国家掌握了碳排

放权交易价格的话语权，而我国在这方面处于弱势。目前，我国提供的碳减排量已占全球市场的30%以上，大部分买方是境外企业，中国处于碳交易产业链的最低端。此外，西方发达国家对碳排放市场以及碳金融方面的政策研究及制定已经先行，甚至在逐步制定国际通行的规则，而中国在国际规则的制定参与中并不占优势，这在很大程度上可能影响我国碳交易市场的成长。

近年来，随着全球范围内对碳交易市场的看重和对气候问题的强烈关注，全球碳交易产业发展迅猛，据联合国和世界银行预测，2012年全球碳交易市场容量为14000亿元人民币，到2020年将达到22000亿元人民币。国内对节能减排和碳交易的真正关注，从2009年底哥本哈根会议开始，历经2010年和2011年及坎昆会议的小高峰，总共不过一年多的时间。时间虽短，却是热情高涨，国家不断出台相关鼓励和推进政策，各省市、企业的减排行动更是屡见报端。中国碳市场蒸蒸日上，但整个行业尚亟需具体的标准和规则，才能形成长期有效的交易机制和真正能与国际接轨的碳交易市场。深刻剖析各方因素，中国碳市场发展有三大趋势：

第一，碳交易约束性指标出现，碳交易的全面发展是大势所趋。

在2011年两会期间政府工作报告和“十二五”规划纲要确立的“十二五”主要目标中，节能减排目标是：非化石能源占一次能源消费比重达到11.4%，单位国内生产总值能源消耗降低16%，单位国内生产总值二氧化碳排放降低17%，主要污染物排放总量显著减少，化学需氧量、二氧化硫排放分别减少8%，氨氮、氮氧化物排放分别减少10%。政府明确把大幅降低能源消耗强度和二氧化碳排放强度作为约束性指标，有效控制温室气体排放，不仅是中国应对全球气候变化的积极表现，为国内碳交易提供了充分的政策保障，更为重要的是为中国碳市场提供了最为急需的发展动力，碳交易的全面发展已是大势所趋。

第二，特定地区和特定行业的减排试点，是中国碳市场的真正起步。

低碳试点是实现全国碳强度下降目标的关键举措，也是探索绿色低碳发展经验的有效途径。江苏等多个省份和地区纷纷把降低单位 GDP 二氧化碳排放强度作为约束性指标纳入到“十二五”规划中，积极加入到减排行动中来。2010 年，国家启动低碳省和低碳城市试点工作。7 月 19 日，国家发改委气候司下发《关于开展低碳省区和低碳城市试点工作的通知》，确定广东、辽宁、湖北、陕西、云南五省，和天津、重庆、深圳、厦门、杭州、南昌、贵阳、保定八市，作为首批低碳试点省和低碳试点市。根据通知，试点省区和试点城市要将应对气候变化工作全面纳入本地区“十二五”规划，研究制定试点省区和试点城市低碳发展规划。

第三，将形成强制性碳交易为主、自愿减排为辅的有效机制。

碳市场分两类，一个是强制减排市场，一类是自愿减排市场。这是从强制化程度来划分的，如果从产品来讲，一个是项目类的产品，一类是配额类的产品。国际碳市场还是以强制减排为主，以期货交易为主。我国目前还是自愿减排和现货交易，离国际强制减排和期货交易还有相当一部分距离。另外自愿减排市场，2008、2009 年交易额仅占全球不到 1%。

之前中国的碳交易之所以发展相对乏力，就在于中国没有强制规定减排义务，碳交易还停留在自愿交易阶段，规模极小。强制减排，即政府以法律法规或者政策推动，强制规定某些企业或者行业减排，比如电力、煤炭、有色、钢铁等传统高能耗行业，在政府强制减排下，一旦达不到减排标准，就需要去购买减排额度。中国国内的企业或者其他机构没有必要购买碳指标，反观发达国家，由于对国内温室气体排放总量有严格控制，企业和机构对碳排放权都有着很大需求。单位碳排放强度降低的减排目标，对于中国的特定行业和企业来说，就相当于减排任务的出现，势必促进碳交易需求的激增。有需求就有发展，因此，这一事件早已成为中国碳交易发展的风向标。再加上“十二五”规划中的约束性指标，在随后的几年中，国内势必产生大规模的交易需求，而在此基础上形成统一的碳交易市场自然指日可待。需求决定市场，自愿减排缺乏大规模进行碳交易的需求和动力，只能形成零散的减排行为，远不足以

形成碳交易市场，所以只能作为强制性碳交易的补充而存在。

第四，未来的基础性工作。

近年来国家相关政策的鼓励，使我国国内碳市场获得了长足发展。中国碳市场整体是充满动力的，正处于蒸蒸日上的发展阶段，但在具体细节上将会进一步细化和标准化。

首先，各地政府、企业将日益重视温室气体盘查、碳足迹盘查，即各地区、各企业生产过程中导致的温室气体的排放总量核算，并在此基础上形成根本政策。通过碳核查的数据，可以准确地识别出我国温室气体的主要排放源以及行业和地区，为国家制定相应的政策提供基础数据。同时，政府将进行统一的碳排放“摸底”，根据不同地区、不同行业、不同企业的实际减排量，来制定相关的具体碳交易规则。其实国内已经有一些企业走在了碳足迹盘查的前列。中石化、中石油都已有了自己标准的碳足迹排放测算公式，然是只是用作内部研究。而类似的企业作相关的碳足迹和碳中和方面的测算，同样也多以履行企业社会责任为目的，并没有交易层面的。

其次，相关的标准、方法的制定，在保证国内碳交易的顺利实施的同时，将尽量与国际接轨。目前国内虽然已经掀起了减排和碳交易风潮，在实际操作过程中，却缺乏统一的标准。因此，必须有一个统一的标准来保证碳交易更为科学、透明、有条理地进行。相关标准和方法的制定，除了上文所述减排量监测核算的标准，还涉及具体的规定流程、评定机构、规则限定等，而且参与标准制定的各方一定要具有广泛的代表性，包括买方、卖方、中介、咨询开发公司等利益相关实体以及能源环保类非政府组织，才能使这一标准更为公平、客观以完善市场机制。

第五，未来将建立“国家统一的碳交易平台”。正是鉴于目前国内的标准不统一，标准太多反而不成其为标准。

现在国内成立了北京环境交易所、上海环境能源交易所、天津排放权交易所、深圳排放权交易所等多个碳排放交易所，但由于国家层面的碳交易办法没有出台，各区域间在开展碳交易活动时会受限于各地经济结构模式、计量办法、交易规则等一系列影响因素，省市级交易所难以形成一定规模的交易量，难以提高交易效率，也不利于碳交易产品的国际对接。如果有了碳交易的统一标准，从政府层面来讲，可以监管；从企业买卖双方来讲，公开透明；从国际来讲，也容易获得国际认可。因此，中国建立碳交易过程中统一的、具体的标准势在必行。

第六，中国碳市场将走向金融化

碳市场最重要的三个特点科学性、稀缺性和流动性，缺一不可。在一个完备的碳市场里面，必须要满足稀缺性、科学性和流动性。中国碳市场目前主要是几类，VER 项目交易，CDM 交易，还有发改委去年公布的 5 省 8 市低碳试点，正在探讨特定行业、特定区域碳交易试点。碳市场首先要有科学性，满足 CDM，必须有一个政策出台，还有流动性，必须在一个金融市场里面，金融产品才能够实现最大程度资源优化配置，才能更好实现发行价值，降低成本，规避风险。

“十一五”减排开始以行政手段为主，因为中国的基本国情是新型加转轨，中国是一个发展中国家，也是一个最大的转轨国家，这是我们中国的一个基本国情。我们有很多贫困人口，目前不可能大规模做强制减排，但是金融化减排是一个趋势。“十二五”、“十三五”期间，需要探讨行政手段之外的其他手段。未来低碳转型过程中企业将会更多地关注如何借助碳市场实现自己的资产管理，碳资产管理。这里面最关键的是碳盘查，碳市场交易是看不见摸不着、虚无缥缈的碳过程，所以严格的碳盘查是至关重要的。企业排放了多少、减排了多少需要盘查。

第七章　中国建设碳市场的必要性和约束条件分析

第一节　建立碳市场的必要性

发达国家已经建立或正在探索的碳排放交易体系，全球范围内碳排放权因为其稀缺性而呈现的资产化以及国际碳交易市场的统一和各国市场的联结，都已成为不可逆转的趋势。世界产业一只脚已经迈入了低碳时代，也可以称之为第四次产业革命。在错过了前几轮产业的列车，中国决心搭上低碳革命的快车，但是必须看到我们所面临的一系列复杂的深刻矛盾，包括发展和环境、资源、人口、气候等等因素，因此探讨中国碳交易市场体系的问题必须置于这些严格的约束性前提条件下，才能较好地探讨当前我国建立碳交易市场的必要性和约束条件。我国经济规模大、发展快、人口多、能源需求量大，导致碳排放量高，且呈不断增长的趋势。英国石油公司 (BP) 的统计数据显示，2009 年我国二氧化碳排放量已达 75 亿吨，远超过欧美发达国家，且人均二氧化碳排放量逐年上升。尽管此统计的科学性有待商榷，但仍说明我国减排形势严峻。排放总量大，说明减排潜力也相应巨大，据专家预测，2030 年中国的二氧化碳减排潜力可达 60 亿吨。构建国内碳交易市场有助于将减排潜力转化为交易标的，提高减排效率。根据“十二五”规划纲要所明确的资源环境约束性指标，2015年，单位国内生产总值二氧化碳排放应降低17%。发改委的统计口径表明，要实现此目标，2011年二氧化碳排放强度应降低约3.5%。尽管总体上我国碳排放强度不断下降，但“十一五”以来的降速明显低于其他时期，因此未来降低碳排放强度的任务依然艰巨，建立碳交易市场势在必行。在我国建立碳交易市场，不仅是实现“十二五”节能减排目标的重要途径，也是引导投资资金和技术资源流向、提高能源利用效率的根本性举措。

中国要建立碳交易市场体系，是由其内部和外部两大原因共同决定的。一方面，我国经济从粗放型增长向集约型增长的转型和升级以及我国经济社会的可持续发展要求我国企业提高能源使用效率，降低单位产出的能耗和排放成本；另一方面，世界主要碳排放大国纷纷建立起有利于自身利益的交易体系和规则，如果我国仍然游离于其外，那么在国际气候谈判和未来的全球碳市场、碳金融格局和国际贸易体系中都将处于被动地位。具体而言，中国建立碳市场的必要性体现在以下几方面。

一、经济转型和产业发展的需要

改革开放30多年来，我国国民经济取得前所未有的发展速度，制造工业的大发展使我国成为“世界工厂”，经济总量已经超过日本成为世界第二经济大国，对全球经济的影响力空前提升。然而，我国经济增长的质量还不高，粗放型增长是我国经济增长的主要特征，高污染、高排放、高能源消耗、低劳动保护是我国工业化进程特别是重化工业化阶段的主要特征。中国是世界上单位GDP能耗最高的国家之一。2004年，中国每万元GDP能耗是日本的8倍、美国的3倍、欧盟的5倍、世界平均水平的2倍多。从碳排放强度方面看，我国碳排放强度目前约为世界平均水平的3倍多。①

① 魏一鸣等：《中国能源报告（2008年）》，科学出版社2008年版。

中国在快速工业化、城市化的背景下能源消费需求持续快速增长，给能源供给造成了很大压力，供求矛盾存在，严重制约未来的可持续发展；另外，我国石油对外依存度已经连续数年超过50%，能源需求弹性小，能源资源大买家常常没有价格的话语权，而过多依靠国际市场就等于把自己的能源安全置于他人之手。

发达国家工业化二百多年遇到的环境问题是逐步出现、分阶段解决的，然而我国却是在三十多年的快速发展中集中出现的。因此，中国的环境问题呈现复杂性、综合性、压缩性的特点。当前的全球气候变化问题和国际能源资源供给形势，使得发展中国家已经不可能沿着西方发达国家的老路顺利完成工业化、现代化，已经没有足够的资源能源、足够的环境容量来继续承载之前那种高碳、高增长的发展模式。如果不实现低碳转型，走绿色经济、循环经济之路，那么发展根本难以为继续。

中国的低碳转型必须解决一系列问题，包括：提高能源使用效率，改变能源生产和能源密集型企业的技术结构，促进技术进步，促进新技术开发与应用；调整出口结构，改变粗放型出口结构，降低高能耗、高排放产品的出口比重；在可能前提下，调整能源结构，扩大核电、风电、太阳能、生物能源等新能源和可再生能源的开发和利用；实现产业结构调整与优化，发展低碳产业，致力全社会的低碳化发展，实现低碳交通、低碳住宅、低碳生活方式。

低碳革命被称为席卷全球的第四次工业革命，但是与前三次工业革命（蒸汽革命、电气革命、计算机革命）相比，低碳革命的根本不同之处在于，它不只是由技术上的重大突破与革新驱动，更主要的是一次由碳的刚性约束以及相关制度、政策驱动的产业革命、经济转型。前三次产业革命都是技术引领型的，然而现在的低碳革命却不是这样——低碳革命是一种刚性约束下的革命，而且有碳排放的限制边界。这就是为什么低碳革命与技术引领型的前三次革命相比更为困难。因此，在这次革命性的机遇与挑战中，制度创新发挥着几乎与科技创新同等甚至更加重要的作用。

国际经验证明碳交易不仅对减排温室气体有积极作用，而且可以促进能效改进、结构调整、经济向低碳化方向发展。欧盟排放交易体系和各国制定的类似碳排放交易体系，建立了国内碳市场，在促进本国温室气体减排的同时，加强对低碳技术的投资和研究，鼓励本国企业实现低碳转型，实现可持续发展。例如欧盟，通过排放交易体系释放出的碳价格信号已经让欧盟的企业在低碳技术上和产业发展上先动先行，取得了全球市场竞争中的先发优势，同时欧盟还在讨论通过拍卖配额的方式为欧盟企业投资碳捕捉与封存 (CCS) 技术及其他更清洁的低碳技术而筹集资金。又如美国 RGGI，明确规定至少 25% 的配额的拍卖收入必须用于消费者保护项目或战略性能源项目，这些战略能源项目正是各国大力支持和发展的可再生能源和清洁利用项目。

对于我国来说，碳排放交易将会对低碳转型起到全面、巨大的作用。从国际实践看，碳排放交易体系一般会选择火力发电行业做主要限排行业。可以预见的是，我国发电结构中煤炭所占比重在未来一段时间还会保持在 70% 以上比例。碳交易首先对高效、更清洁的燃煤发电技术的促进是非常直接的；其次，给碳排放定价会导致燃煤电价上涨继而刺激能源密集型产业本身为了减低成本而自发采取节能活动；如果设置能源密集型产业的抵消项目，那么非限排的能源型产业也间接纳入了碳交易体系，赋予其一个激励机制，从而更有利于早日改变产业高能耗、高排放的现实。

二、我国环保政策体系的需要

当前，我国气候治理领域存在着命令—控制型手段失灵的问题。首先，单纯的命令—控制型手段，并没有改善我国的环境整体质量。中国当前处于重工业化阶段，对高排放产品的刚性需求导致高排放产能的过度集中，这种集中造成即使单独企业达到标准，也无法改变环境整体下降的问题。其次，单纯依靠排放标准把技术选择强加给企业，可能存在技术选择错误的问题，干扰企业自身的研发工作。如我国一方面试点二氧化硫排放交易，另一方面强制安装脱硫设备，这样造成的高减排成

本，没有达到最低社会减排成本。最后，企业对管制的规避动机强烈，通过寻租等行为逃避环境治理的责任。总体而言，从“十一五”期间主要采用行政手段来完成关于单位GDP能耗降低20%目标的情况看，我国最常使用的行政手段在提高能效和温室气体减排方面的效果正进一步削弱，甚至失灵。

此外，关于气候或环境税政策的争议也一直存在，这包括：征税是否能量化出对环境保护的作用；在整体税负不减少状况下征税是否仅仅体现对企业的增量加税而无法体现环境经济政策对企业所应有的激励作用；各部门之间权责和利益分配机制并不明确，等等。另外，从国际经验看，环境税的征收依赖于完备的信息，企业规避动机和抵触情绪强烈。以欧盟为例，环境税在欧洲议会遭遇强烈反对乃至最终失败之后，欧盟开始采取排放交易作为首要气候政策工具。而美国人则更干脆，凡是与“碳”和“税”有关的政策提案只要上了国会基本就是一条“死路”。

尽管对中国而言，排放交易政策可能不是最好的选择，但它可以适应我国目前企业环保自觉意识偏低而减排任务严峻这样一个矛盾的现实。因为它提供一个明确的激励机制，促使企业采取最优成本方案达到环境目标，社会减排成本最低，优化了社会资源配置；它可以通过制定控制总量的目标，促成环境整体目标的改善；可以将减排技术的开发和选择的权利交给企业，促成企业自主创新，更有利于本土适用技术的创新和研发。

因此从完善我国环境管理职能的角度，设立碳排放交易体系具有现实性和必要性，要顺利完成我国政府向国际社会承诺的碳强度减排目标，碳市场与碳交易将是有效的政策手段。

三、国际气候谈判政治的需要

国际上发达国家传统的左翼政党正日益将政治热情转向环保等绿色议题，政治民主、经济自由、生态的代际道德构成了一个世界的秩序；

从民众的角度看，一个环境话题，引起的情绪异常炙热，从哥本哈根的气氛感受相当明显。作为发展中国家确实有我们自己的道路和情况，但从国际关系来看，气候问题确实增加了我国和西方国家的分歧。

根据美国能源部的统计，2008 年中国二氧化碳排放总量为 65.33 亿吨，美国二氧化碳排放量为 58 亿吨，按照这个数字，中国已经是世界第一大碳排放国，占世界排放的份额由 2005—2007 年的 18%，上升到目前的 22%，而全球新增的温室气体排放量中国占了 40%；如果按照基准情景模式 (BAU) 继续下去，2030 年中国二氧化碳排放量将接近世界的 30%。从人均二氧化碳排放量来看，2008 年，美国人均二氧化碳排放为 19.18 吨，德国为 10 吨，日本为 9.53 吨，世界人均碳排放为 4.54 吨，中国的人均碳排放超过了世界平均为 4.912 吨。

美国加入到总量限排的阵营，意味着国际谈判的压力将逐渐转向中国。尽管，我国强调自己是发展中国家，但近几年国际社会要求中国在气候问题上承担更多责任的呼声也高涨起来。尽管我国政府宣布了到 2020 年人均 GDP 碳排放比 2005 年下降 40%—45% 的承诺，但发达国家仍然提出“到 2050 年比 1990 年减排 80%”的方案，希望争取中国作出更大让步。这个方案是一个对我国等发展中大国极其不利的方案，因为这个方案意味着发达国家要求发展中国家到 2020 年要减少 45% 的排放。但是，这个方案确实起到了迷惑多数国家的作用，将国际压力转移到中国。国际气候谈判的压力，随着时间推进，可能会变成实质性损害：首先，由于欧美各国对于全球碳排放要承担更多的历史责任，因此未来欧美国家采取更严厉的碳减排措施是可能的。但是欧美国家的企业经营成本也会提高，他们必然将此项成本转嫁到包括中国在内的发展中国家，比如向发展中国家征收碳关税、碳配额购买、碳准入、碳审计和信息披露等，那么我国企业的国际竞争力必然受到很大的削弱。第二，在我国不设强制减排的期间，发达国家可以将高排放的产能转移到中国，在产业结构和技术上将中国锁定在高排放产业上。第三，碳排放的标准和价格并不由中国决定，而是由欧美国家决定，对中国在未来的国际竞争地位不利。

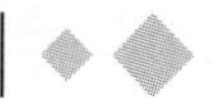

国际气候谈判问题，需要我国建立自己的碳排放交易体系。我国提出单位GDP碳排放到2020年下降45%，西方国家认为需要“可报告、可监测、可核实”，这是涉及中国主权的问题，我们不能让步。但是一个自主建立的碳排放交易体系本身的监测报告机制是具备这个功能的，从长远来看，这对我国回应国际社会对我国减排的质疑声音，展示我国采取减排行动的真诚，是有帮助的。

四、参与国际碳金融竞争的需要

从理论上讲，碳金融是指旨在减少温室气体排放的各种金融制度安排和金融交易活动，既包括碳排放权及其衍生品的交易、低碳项目开发的投融资，也包括银行的绿色信贷以及其他相关金融中介活动。碳金融是一个全要素的复合体系，它不仅涵盖了碳要素市场，还将相关产业、资本、技术乃至制度都纳入其辐射范围。可以说，碳金融也可能演变成为“新布雷顿森林体系”，对国际金融市场和金融体系产生根本性影响，而碳交易和碳市场则是构成碳金融体系的核心和基石。根据联合国和世界银行预测，全球碳交易市场潜力巨大，预计2012年全球碳交易市场规模将达到1500亿美元，有望超过石油市场成为世界第一大市场。英国彭博新能源财经公司2009年就预测认为全球碳交易市场额2020年将达到约3.5万亿美元。

中国作为发展中国家没有被《京都议定书》纳入强制减排计划之中，但是中国通过清洁发展机制(CDM)参与了全球碳减排和交易活动，并且成为全球CER的第一大供给国。然而在全球碳市场的大格局中，中国从未进入到国际碳金融体系的核心——期货交易中，中国参与的交易额也只能占到全球碳市场份额的不足1%。可以说，中国目前在国际碳金融体系中的竞争地位不容乐观。我国处于全球碳交易产业链条的最低端，中国企业创造的核证减排量被发达国家以低廉的价格购买后，通过金融机构的包装，开发成为价格更高的金融产品或金融衍生品进行交易。同时我国目前碳交易CDM项目市场，还没有发展巨大的碳排放配额市场。因此，尽管我国是碳减排和交易大国，但是我国却没有相应的定价权，原因就是我国没有自己的碳减排交易体系和规则。我国长期依赖的 CDM 机制面临巨大不确定性，需要为国内 CDM 项目寻找新途径。随着 CDM 机制的法律基础《京都议定书》第一承诺期即将到期，关于 CDM 机制的去向始终未定。

《京都议定书》实施以后，世界上形成了欧盟排放交易体系等几个独立的交易市场，几个市场中，交易规则各不相同，影响力大小不一。但是国际碳金融的竞争，将日益激烈，碳交易金融化后，意味着一个巨额的资金市场的形成，这个市场以何种货币结算，以何种价格影响产业，以什么规则调整资产、技术、产业和贸易，都是巨大的利益和商机。碳交易金融发展的程度，严重影响着我国未来的国家竞争力，这是我国必须建立的一个可以和发达国家相交流、相抗衡、相制约的碳排放权交易市场的一个重要考量。

2005 年生效的《京都议定书》通过约束“附件 I 国家”的温室气体排放行为，造成碳排放权的稀缺而使其具有市场价值。我国作为最大的发展中国家，处于工业化、城镇化的深入发展阶段，减排潜力巨大，可为国际碳交易市场提供大量减排资源。但由于缺少系统的交易体系，加之国内金融机构在参与碳交易、研发碳衍生产品、控制交易风险等方面存在不足，我国在国际碳交易市场中缺少定价权，国内核证减排量价格长期被压低。因此，构建统一的碳交易市场，符合国内筹集减排资金、实现节能减排目标的利益诉求，也符合在国际上维护碳交易权益、提升国际减排形象的国家战略。

我国以项目为基础的排放权交易在全球交易中占绝对比重，但由于缺乏定价权，国内核证减排量价格较低，国家战略利益受损。根据联合国 CDM 执行理事会的统计数据，截至 2009 年 11 月 25 日，中国已注册项目 671 个，占其全部注册总数的 35.15%，已获得签发的累计核证减排量达 1.69 亿吨，占全球核发总量的 47.51%。截至 2010 年 9 月 7 日，我国累计批准 2685 个 CDM 项目，减排量和项目数量均居世界第一。2009 年，中国在初级 CDM 市场中年度交易量占比为 72%，远高于其

他国家。但由于我国目前尚未建立统一的碳交易市场，价格发现功能未得到有效发挥，因此我国 CDM 项目处于国际碳产业链低端，在国际碳交易中缺乏定价权，国内核证减排量价格一度徘徊于 5 欧元 / 吨至 8 欧元 / 吨之间。相比二级 CDM 交易市场约 20 欧元 / 吨的价格，差距较大。

第二节　建立碳市场的约束条件

综合考量各种影响因素和诸多有利条件，我国建立碳交易市场不仅必要，而且可行。

首先，我国碳交易市场已初见雏形。中国是全球第二大温室气体排放国，虽然没有减排约束，但被许多国家看做是最具潜力的减排市场。国家发改委 CDM 项目管理中心最新统计显示：截至 2009 年 11 月 13 日，中国已批准的 CDM 项目达到 2279 个，其中 663 个已在联合国 CDM 执行理事会成功注册，注册数量和年减排量均居世界第一。我国已经建立了一批排污权交易的市场机构，如 2008 年 8 月 5 日同时在北京和上海挂牌的北京环境交易所、上海环境能源交易所，2008 年 9 月 25 日由中油资产管理有限公司、天津产权交易中心和芝加哥气候交易所三方出资设立的天津排放权交易所。从总的形势来看，市场基础已经形成，只要国家引入相关的碳交易政策机制，很快就能激活当前我国的碳交易市场。

其次，相关政策和制度基础已经具备。2008 年 10 月中国政府发布《中国应对气候变化的政策与行动》白皮书，作为未来中国应对气候变化行动的具体指导。在具体碳排放权交易活动上，依据《京都议定书》要求，国家发改委为我国国家清洁发展机制主管机构，并依据 2005 年颁布的《清洁生产机制项目运行管理办法》及一系列相关细则进行碳排放交易的管理。此外，《大气污染防治法》及《水污染防治法》等法规中对二氧化硫等大气污染总量控制制度、排污许可证制度的规定也为碳排放权交易制度的建立提供了重要的法律参考。我国建立碳交易市场有一些内部优势，目前具有巨大的、潜在的减排空间。发达国家履行其减排义务需要建立在较高成本基础上，而中国可以用低得多的成本完成减排，完全能够利用 CDM 机制将其在国内的环保义务转化为融资和交易产品。

另一方面，一个高效、透明、有影响力的碳交易市场体系需要具备诸多条件，对我国而言，碳交易是新生事物，发展碳交易市场面临着一系列约束条件。

一、经济性约束：缺乏总量控制前提下碳排放权资源稀缺性的创造

作为一个市场，其交易产品必须具有经济稀缺性，即有限性。如果政府对企业的碳排放量没有限制，那么碳排放权肯定无法成为一种商品。欧盟的碳排放交易体系 (EU-ETS) 就是预先设置了总量排放的限制，第一阶段为 2005—2007 年的试验阶段，减排目标是努力完成《京都议定书》所承诺目标的 45%；2008—2012 年第二阶段以《京都议定书》中的全面减排承诺为目标，减排目标是在 2005 年的排放基础上各国平均减排 6.5%。在这个总量排放的限制下，欧盟制定了国家分配计划 (NAP) 和《排放交易指令》，要求欧盟成员国据此制定国家减排方案，决定自己的欧盟许可 (EUA) 总额，分配给受限制的排放企业。

中国作为发展中国家，不是《京都议定书》附件 I 国家，没有强制减排义务。中国进入重工业化阶段，城市化的推进，人们生活水平的提高，对能源密集型产品的需求急剧增加。能源密集型工业的飞速发展，带来资源环境的紧张，也带来碳的高排放。尽管面临巨大的国际压力和环境的困境，短时期内也很难扭转，主要是因为：我国总体经济发展水平尚低，人均碳排放水平仅略高于世界平均水平，国家拥有不容置疑的发展权；我国的能源结构严重依赖煤炭，电力结构中火电的比例一直保持在 70% 以上，尽管新能源增长势头强劲，但可用于替代传统化石能源的空间有限，而世界主要能源价格的高涨和供给不足，使我国转换优

化能源结构面临极大的困难；我国正处于重工业化的时代，对能耗密集型产品呈现较强的刚性需求，使得一些落后产能的淘汰成本居高不下；低碳问题在我国被广泛关注也就是 2005 年以后的事情，目前存在低碳技术储备和研发不够、商用化阶段准备不足的问题，单纯依靠通过技术进步大幅度减排目前看来短期内还不现实。这也是我国开展碳排放交易的一大约束性条件，或者最大的障碍。

2009 年 11 年，时任总理温家宝在国务院常务会议上决定，到 2020 年中国单位国内生产总值二氧化碳排放比 2005 年下降 40%—45%，作为约束性指标纳入国民经济和社会发展中长期规划，并制定相应的监测、考核办法。这是中国首次提出碳强度指标的承诺。这种碳减排承诺不同于碳减排总量的绝对控制，而是一种相对指标，即 GDP 总量与温室气体排放量两个变量相比较的数值。在经济发展较快时，甚至经济出现泡沫，作为分母的 GDP 在增加，碳强度也就相对降低；在经济增长为零时，碳强度控制等同于总量控制。由于我国工业化和城镇化进程都还有一段较长的路程要走，因而我国未来 10 年保持 8% 左右的经济增长也是可能的，这样完成碳强度指标也是比较有把握的。这种碳排放的约束，不同于碳排放总量的绝对值控制，在经济发展中更有灵活性，同时也为碳排放权交易提供了另一种思路，即如何在控制碳排放强度的前提下，完成交易体系的设计。

二、体制性约束：重点减排行业市场化程度偏低的限制

建立中国碳排放体系的第一个重要约束是，我国的重点减排行业 (主要是电力行业) 是市场化程度最低的行业之一。另外，能源行业中的石油和天然气行业市场化程度也不高，只有煤炭市场化程度较高，这种市场机制的不匹配已经造成了很多问题。煤炭价格的波动，经常导致发电企业大规模的亏损，为了降低成本，电厂的煤炭库存偏低，在安全库存以下，这样，几乎每年都发生由于煤炭运输问题而导致的电力供应不足和紧张。如果设立碳排放权交易体系，但是电力市场不是自由化

的，那么类似市场煤和计划电的冲突一样体现出来，甚至更加突出。

第一，碳排放权交易鼓励能源效率的提高，鼓励可再生能源的开发和利用；在消费侧，鼓励居民和企业的节电和节能行为，这些鼓励的实现，需要一个智能化的电网来适应低碳时代的电力供应和消费。目前我国电网改革是一个重要的落后环节，电网投资不够多元化，而电网改造的投资比较巨大，客观上也需要电网企业市场化的提高。

第二，电价改革滞后，是我国产业能耗偏高的一个重要原因，没有反映资源配置的真实成本，没有反映环境成本。电价提高，也会促成其他高排放企业的节能减排行为，甚至可以促成核定减排量的出现。

三、技术性约束：减排技术准备不足

我国整体技术水平落后，能耗偏高，减排潜力也是最大的。就我国目前工业现状看，节能，必减排，因此，无成本、通过管理手段的改进就可以达到减排。而有些技术，主要问题在于没有得到应用和推广。碳排放交易体系可以促进成熟技术的推广和应用。目前，我国减排技术主要的落后点有：

1. 主体能源煤炭，行业整体能耗水平高，清洁煤技术和国外差距较大，高频率发电技术仍然依赖进口。

2. 电力，电网损耗还是很大，电力系统的安全性、稳定性存在一定问题。需要满足分布式能源特点的电力系统运行和并网技术。

3. 太阳能、硅基太阳电池、部分薄膜太阳能电池等设备均需要进口，先进的光伏技术发展缓慢。

4. 风电，虽已有进步，但大功率风电总体技术及关键设备仍然主要依赖国外。

5. 核能，尚不具备独立自主规模化生产核心设备的能力，对第三、第四代先进堆与国外差距很大。

6. 氢能，燃料电池研究未规模化，制氢、储氢、供氢网络还没有形成。

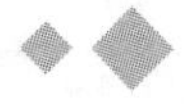

7. 生物质能，农林废弃物能源化利用率低，藻类生物质技术和国际差距很大。

四、金融性约束

所谓金融性约束，主要是指碳排放权的特殊金融性质和我国碳排放现货市场及金融业发展的现有基础相对薄弱。在碳市场的交易中，虽然交易的客体是碳排放量，但是实际上代表的是一种排放二氧化碳的权利的交易，也就具备了金融衍生品的某些特性。如何利用碳金融机制来发展我国的碳交易市场成为一个非常重要而迫切的研究课题。

五、规制性约束：监管部门的管理监督和惩罚能力不足

所谓规制性约束，是指政府监管部门的权限和监督执法能力不足问题。环境保护部门在中国是一个“小部”，其执法权限有限，执法的讨价还价余地较大，在人才配备及规模、设备配备上和发达国家环境管理部门相比差距也较大。我国环保部门的环境管理能力的不足之处有：

1. 环保部门参与规划、决策的权限小，协调相关机构执行能力不足。中央到地方，许多重大规划，环保部门的发言权偏小甚至没有环保部门的参与，这主要是因为低碳发展和科学发展观念在执政层次没有根本转变。

2. 缺乏监督地方环境执法的能力，各级政府的环境管理职责不明确。多数环境问题是和具体的地点相联系的，地方环境部门接受上一级职能部门的领导是业务指导，其人事权限属于地方政府，这样落实到具体环境问题，地方环境部门往往守制于当地政府的态度，地方的保护主义和寻租现象普遍。

3. 在管理手段上，过度依赖命令—控制型手段，热衷于单向收费制度，一些环保部门把收费用于部门消费和福利，对减排效果却并不关心。

4. 缺乏环境工作的基础工作的构建。缺乏环境政策法律的统一思想

和规划，立法彼此矛盾；缺乏基础性信息工作，统计监测体系不可靠；缺乏统一的、严格的环境评价方法学，环境评价存在广泛的人为因素、人为干预，科学性差。

5. 公众参与程度低，信息公开程度很低。欧洲、美国都有公众的参与，年度许可分配和转让的交易日志都是公开的信息，政策发布和项目核准有公示期，以备公众批评。

一个碳排放交易体系，必须有监督实施能力、有处罚机制，才会公平、具有威慑力。违约行为被惩处，才会促进履约监测。如果在履约监测、违约处罚上没有健全的机制作保证，一个交易体系是难以成功的。

第八章　中国发展碳市场的对策建议

中国需要探索符合国情的碳交易市场模式。目前国际上碳排放交易的主要模式包括“欧盟模式”、“美国模式”、“澳大利亚模式”及“日本模式”等，几种模式各有优劣。我国进行碳交易试点应充分借鉴这几种模式的优点，探索适合中国国情的碳排放交易模式。但我国碳市场建设必须基于新兴加转轨这一基本面，建立碳交易市场时需要注意我国与发达国家的四个不同：

首先，我国发展经济体制与发达国家不同。发达国家大部分企业不是国有企业，而我国大部分高耗能企业是国有企业。我国对国有企业行政控制能力强，但碳交易是市场机制，市场机制靠碳的价格信号调节，碳价格高了，多实施减排措施；碳价格低了，就少实施减排措施。如果在行政控制能力强的体制下，不排除国有企业的考核体制会与碳市场价格体制冲突，因此需要政府在设计管理规范时考虑到我国市场经济体制的特殊性。

其次，区分发展中国家与发达国家在节能减排义务上的不同。如果完全采用发达国家碳交易模式，很容易把我们是发展中国家的角色抹掉。我们一定要体现出我们在《京都议定书》的地位，一定要和发达国家碳交易区别开来。在建立碳交易和企业减排时，我们争取得到发达国家技术、资金和能力建设的支持。

再次，产业结构和发达国家不同。例如英国工业很少，碳排放主要集中在交通、建筑和消费领域，而我国要实施碳交易，会影响我们经济发展速度。我国工业结构主要以制造业为主，一旦实施强制性碳减排，经济发展将受到很大的约束。现在国际上经常提中国是碳排放第一大国，好像我们负有多大的减排责任。事实上我们是世界工厂，全球制造业集中在中国。中国在为世界作贡献的同时，也承担了大量的碳排放，这是为全世界消费者制造产品而进行的排放，不应单单算在中国头上。此外，我们的碳交易基础条件比较弱，二氧化硫交易机制建立也没积累多少经验。在人才、技术、能力建设上还比较薄弱。

第四，碳减排目标的设定存在差异。我国提出“碳强度下降”的目标，发达国家是“碳排放总量下降”的目标。这样，在设计碳交易产品时，我们必须具有更多的灵活性、包容性。

中国碳市场未来走渐进式发展道路的核心内容是以自愿减排试点为基础，以特定区域、行业配额交易为突破，将补偿机制与配额机制相结合，自愿与强制减排相结合，双轨制发展、渐进式发展，循序渐进推动中国碳市场。真正的交易必须是基于强制减排的排放体系。因此，要发展碳交易市场，应先实行总量控制，并在此基础上设立碳配额。强制排放是基础，要建立一个全国性的交易市场，必须要有强制性的总量，当一个企业被给了一定的减排任务之后，就有了减排的压力。如果该企业完不成这一减排任务，就得到别的地方去买，就形成了交易。具体而言，假定今后中国的 GDP 年增速为 8%，按照我国提出的 2020 年碳排放比 2005 年下降 40% 到 45% 的减排目标，如果折算为每年的碳排放量，那么我国 2010—2020 年每年需要形成约 2.5 亿—7.9 亿吨的减排能力，这样就可以在总量控制前提下将减排总量转化为配额目标，并且在不同地区、行业、企业之间重新分配。而在总量控制前提下，就要解决初始权的分配问题。分配过程包括强制减排行业和企业的选取、配额的分配等。前期可以是免费分配，这种方式比较简单易行。当然也可付费，以拍卖为主。后期可逐年缩小免费份额的比例，同时提高拍卖或投标份额。整个过程可使企业获得适应时间，形成减排的心理预期。

第一节　发展碳市场的基本原则和目标

一、基本原则

所谓发展中国碳市场的基本原则，是指在设计和建设中国碳市场体系的过程中必须遵循的最基本的原则，这些原则是贯穿于整个中国碳市场建设过程的基本精神，对于中国碳市场的设计与运行具有重要指导意义，同时也是中国碳市场体系能否成功实现预期目标的关键所在。具体而言，这些基本原则主要体现在以下几个方面：

1. 无损性原则

所谓无损性，就是没有损失的意思。目前常用的无损性是指国际气候变化谈判中的行业无损目标机制 (Sector No Loss Targets)。①

中国碳市场设计遵循无损性原则的目的是通过碳市场的机制设计，从机制层面保证开展碳排放交易的地区和行业不因为其创新性、领先性行为而受到损失。具体而言，无损性又包括两个层面的含义：一是地方政府层面，不因开展碳排放交易而影响地区经济发展、经济结构调整和人民生活水平的提高；二是行业层面，不因接受碳排放交易体系管制而影响行业发展、技术进步和管理进步。

① 在该机制下，由发展中国家设定以碳排放强度为标准的行业减排目标，然后自愿承诺在特定行业（例如电力、钢铁、水泥、化工等）开展减排。如果该行业的减排效果超过了政府设定的行业减排 基准，那么超出的部分经过独立第三方的核证可以成为该行业产生的额外减排信用额度，可以用于碳交易，产生的收益将发放给政府，由政府通过补贴等形式发放给企业，也可以统计各企业产生的减排信用额的数量，把碳交易产生的收益按照各自比例直接发放给企业。

2. 激励性原则

所谓激励性，是指中国碳市场体系应当充分考虑机制设计对地区、行业或企业的激励作用，充分发挥激励性机制的作用，调动地区、行业或企业参加碳排放交易的积极性和主动性。如果说无损性是对地区、行业或企业的前提性激励和执行性激励，是最基本的激励，那么激励性则是对地区、行业或企业的直接激励和参与性激励，是驱动地区、行业或企业积极开展碳排放交易的更强大动因。

3. 平衡性原则

所谓平衡性，是指中国碳市场设计中要注意保持管制行业之间的平衡性和配额与碳抵消信用之间的平衡性。保持平衡性的目的是减少开展碳排放交易的阻力，扩大碳排放交易体系的影响力与影响范围，吸引更多的、不同性质的经济主体参与交易活动，降低碳交易成本，增强碳市场的流动性，稳定碳价格，降低监管对象的履约成本和风险。这样的碳排放交易体系才能顺利运转、不断完善以及持续发展，为温室气体减排作出贡献。保持管制行业之间的平衡型要求碳排放交易体系在设计中充分掌握不同行业的减排成本，预测何种程度的碳价格是合理和可接受的。减排成本的不同是交易发生的前提，因此，交易体系所覆盖的管制对象必须是减排成本各不相同的管制对象。

4. 循环性原则

所谓循环性，是指在中国碳市场体系中通过机制设计使碳价格保持长期上升的趋势，中短期碳价格可以根据市场供求关系波动，形成总量设置、价格水平、技术进步、减排成本之间的周期性循环。从长期来看，循环性可以使碳市场各参与者对碳资产价格持有上升的理性预期，这种预期对促进政府、管制对象及其他企业与研发机构加强对低碳技术的研发投资具有重要的引导作用，有利于激励企业从长期战略层面考虑和制定企业的投资决策。从中期和短期来看，循环性可以利用市场机制，借助碳资产价格水平的波动吸引金融投资者进入碳市场，开发金融

衍生品，提高碳市场的流动性。

5. **主导政策纯粹性原则**

所谓主导政策纯粹性，是指针对同一管制对象，激励其温室气体减排的工具或手段只能有一种，而不能多种政策同时作用于同一管制对象，否则不同政策之间必然互相掣肘，管制对象无所适从。

6. **辅助政策互补性原则**

所谓辅助政策互补性，是指在中国碳市场设计中，除应用排放交易手段减排温室气体以外，还可以采用其他辅助性政策，但辅助性政策必须与碳排放交易政策具有互补性。

7. **柔性原则**

所谓柔性，是指在中国碳市场设计中，应当注重柔性机制的应用，以稳定碳市场参与者的管制预期，防止碳价格出现剧烈波动，特别是出现过高的碳价格给管制对象带来履约难度和履约成本上升。柔性机制的存在是因为在履约期间内碳排放总量固定和各管制对象允许的排放总量固定的情况下，各管制对象的实际碳排放量是可变的，而且在经济发展、社会事件、气候条件等重大事件的影响下这种变化可能是巨大的。目前柔性机制已经成为国际碳交易体系设计的必要组成部分。不同的国际碳排放交易体系均有根据各自覆盖区域、经济特点和行业特点设计的不同的柔性机制，如履约期的长短变化、配额储备、配额借贷、安全阀机制、碳抵消信用的应用比例等。

二、中国碳市场设计的目标

1. **基本目标**

中国碳市场体系设计应当满足两个基本目标，即：

(1) 满足中国可持续发展战略对碳排放的基本需求

保障中国人民的发展权，满足中国经济社会可持续发展的碳的基本需求，应该是中国碳排放市场体系设计的基本目标。生存与发展的权利，是中国人民所具有的不容侵犯的基本权利。当碳排放受到刚性约束，而经济社会发展因此约束而受到影响时，中国人民的发展权就包含了必要的碳排放的基本需求与权利，这一点是不容否认也不可妥协的。

(2) 降低全社会减排成本，以成本效益最优原则实现减排目标

众所周知，排放交易可以实现低成本减排。通过碳排放交易体系可以发现和形成碳的合理价格，碳的价格信号和市场供求关系促使具有经济理性的企业倾向于采取成本效益最大化的方式实现减排约束下的企业发展，从而使得碳的长期均衡价格等于社会减排边际成本，降低全社会的整体减排成本。然而，并非只要将排放交易体系建立起来，它就会自动自发有效运转、发挥作用，一个设计不合理、不完善甚至有缺陷的排放交易体系的效果是要打折扣的，甚至可能导致设定的减排目标无法实现。因此，以经济有效的方式达到减排目标，这也是中国碳排放交易体系设计的一个基本目标。

2. 辅助性目标

碳市场的有效运转，除了满足经济社会的基本碳排放需求和实现较低成本的减排以外，还可以带来其他一些辅助性收益。如果将这些辅助效应作为中国碳市场设计的辅助性目标，主要包括这样几个方面：

(1) 促进低碳技术的产生、成熟和规模化应用，特别是提高低碳技术的本土适用性，支持低碳技术标准和方法学的适当中国化。

(2) 在国际气候谈判中展现我国减排行动的真实性和有效性，使减排效果可测量、可报告、可核实，提升我国在全球气候问题中的形象。

(3) 通过碳价格的真实发现，发展清洁发展机制，提高发达国家排放转嫁的难度和成本，促进国际碳价格的价值回归。

(4) 形成低碳产业的金融服务业，为低碳产业提供更大、更好的资金支持，进而成为国际碳金融市场的主要组成部分，提高中国在全球碳金融体系中的话语权。

第二节　碳市场体系的基本要素

一、《京都议定书》为全球的碳市场体系提供了一个基本的架构

我国建立碳市场体系的一个最大困难，是中国经济社会高速发展形成的对碳需求的刚性增长将持续至少 20 年时间，到 2030 年才会出现碳排放增长的拐点，这就使得强制性总量控制减排碳交易在全国范围内很难实现。但《京都议定书》提供了一个基本的思路，即使无法达到全局性的强制减排，但可以推动某一地区进行强制减排。

二、总量控制与基准信用之间的选择

总量控制 (Cap and Trade) 和基准信用 (Baseline and Credit) 都是强制减排体系可供选择的机制，是一国建立碳市场体系的前提，因为没有总量控制或基准限制就不会创造出碳产品的稀缺性，也就不会出现碳的交易。

1. 总量控制

总量控制越严格，碳的稀缺性越高，碳价格就越高，减排的经济动力就越大，减排幅度越大，导致不减排的压力也越大，导致的减排成本也就越高。从各国实践看，一般而言，碳的稀缺性、减排数量和碳的流动性、碳交易体系活跃度存在倒 U 型关系。

2. 基准减排

对于基准减排而言，设定的基准越高，碳的稀缺性就越高。基准减排在欧盟排放交易体系中未被采用，其中一个很重要的原因是欧盟覆盖的行业较多，初期就有6个，后来还在不断扩大中，而基准减排最主要的缺陷是对不同产品、不同生产过程很难执行同一个技术标准。这样，技术标准的选取就过于复杂，有的行业甚至要涉及上百种标准，从而给交易体系的履行、核实、报告、追踪等都带来了巨大的工作量，延长了碳排放体系设立的准备时间，降低了交易体系本身的可行度。根据国际实践经验，基准减排对电力行业来说较为简单易行。

在总量控制与基准信用之间进行比较，本书认为我国采用前者为宜。这主要是基于以下考虑，一是从各国实践经验看，大部分国家和地区选择总量控制型。主要是由于其设计相对简单、实现环境目标较为有效。二是从对未来碳市场的发展前景看，总量控制型交易体系对于形成规模化、规范化、金融化市场更为有益。

三、碳市场的基本要素

我国碳交易市场的运行，必须包含几个基本组成部分，也就是碳市场的构成要素。

1. 碳排放权交易的合法性

必须解决碳排放权交易的合法性问题。基于排放权具有用益物权的法律特性及排放权交易的私权性质，需在法律上确定碳排放权的可交易性，使排放权既成为规范碳排放行为的依据，也成为排放者获得排放权的凭证。《行政许可法》第九条规定，行政许可不能转让；第十二条规定了涉及国家安全、公共安全、特殊行业、生态环境保护以及法律、行政法规规定可以设定行政许可的事项，但并没有规定行政许可能否交易。从这个意义上说，使碳排放许可进入碳市场交易，必须在法规上规定这种行为的合法性。

作为过渡性措施，可借鉴排污权交易的办法先行试点。国务院文件已提出开展排污权交易的要求、一些地方也有较多探索。《国务院关于落实科学发展观加强环境保护的决定》明确提出，“有条件的地区和单位可实行二氧化硫等排放权交易”，环保部出台了《关于开展“推动中

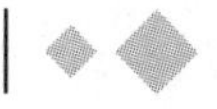

国二氧化硫排放总量控制及排放权交易政策实施的研究项目”示范工作的通知》，山西、江苏、浙江和重庆等地出台了地方性法规。对碳减排指标的交易，我国也可以由国务院或国家主管部门发文的形式，解决碳减排指标的产权变化及其能够进入碳市场交易的问题。

作为制度安排，需在应对气候变化的法律中规定碳排放权交易的合法性。政府发放的许可证应注明排放权主体、种类、数量、期限、地点等内容；制订符合中国国情的碳排放权交易制度和规则，对交易量计算、监测和认定、交易主体的责任和义务、信息公开与市场监管等内容都作出明确的规定，以保证碳市场的健康发展。

2. 碳市场的性质与交易行为

碳市场的性质由碳减排指标的强制性或自愿性决定。由于“十二五”规划纲要确定了我国碳减排指标的约束性，由此产生的减排额度理应是强制性的。如果政府与行业协会签订自愿性碳减排协议，或者企业自愿承诺碳减排，由此产生并进入碳市场交易的碳减排额度是自愿性的。碳市场可以是地方性的、全国性的或与国际市场接轨的，由碳市场上成交的碳减排指标所在地决定。我国有关部门正研究制定自愿性碳市场的管理办法，严格说该办法主要覆盖来自自愿减排、承诺或项目产生的减排指标。发挥市场对碳减排的促进作用，我国应发展形成强制性减排指标交易、现货期货交易并存、自由交易的市场格局。

设立交易平台。可设一个最多两个全国性的碳排放权交易所。其中，具有登记、注册、竞价、交易、结算、清算、认证、监督等功能的先进电子系统，为参与交易的地方或企业提供交易服务。与此同时，可成立国家碳排放权交易信息中心，从事交易信息统计和报告，企业排放权账户结算等工作，并及时反映至地方和国家账户上，向社会公布中央、地方和企业排放权账户的变动情况。

可成立地方性碳交易所，主要职能是开展碳排放权额度的认定、交易的申报文件准备、交易活动等业务。地方交易所的业务应当是竞争性的。

开展碳期货、期权乃至期指的交易探索。现货交易是交易双方为完成减排额的交换与流通进行的交易。由于排放权交易存在价格风险，可以发展期货、期指交易。运用市场机制实现排放权在全社会的优化配置，可建立二级市场。尽可能进行场内交易，这也是印度经确认的碳减排额度 (CERs) 价格高于我国的主要原因。如果没有企业间的大量交易活动，“有场无市”现象的长期存在，不可能实现排放权的优化配置，碳交易所也无法获得正常的收益。

作为试点，除进行碳减排指标交易外，还可以开展相关权益交易。如从排污权交易或节能量交易入手，进而提供包括节能减排技术和环保技术交易，环保企业股权融资和股权交易等资本、经营、信息和技术等方面的服务。

与指标分配相一致，碳排放权指标的交易可以由国家和地方政府主管部门分级管理，基本考虑是“排放者参与，分配者管理”。如果发展二级市场，涉及期货、期指等金融衍生品交易，应由银监会和证监会批准和监管。这样的制度安排有利于专业化管理，可以提高管理效率。

在试点阶段，碳市场不宜与国际市场联系。地区间碳排放权交易的参照基准是万元产值的碳强度，企业间碳排放权交易的参照基准是单位产品的碳强度。

3. 碳市场的管理与相关制度

应建立碳市场的一系列制度和交易规则，以保护自由、公平交易和总量控制目标的实现。需要建立的管理制度如下：

主体资格审查制度。应当对进入碳市场的交易主体进行资格审查，同时审查交易的碳减排指标是否符合交易条件。参与碳交易的企业，只有完成减排指标之后的剩余部分才能卖，不能完成的必须买。对没有排放权的新进入企业，如果采用的技术或单位产品排放强度没有达到先进水平，不能给予购买排放权的资格，设立“门槛”事前预防可以避免技术水平低的项目上马。

登记制度。碳排放申报登记、指标登记和指标交易登记等，是政府

掌握排放权及其变化情况的基本途径。我国已实行排污申报登记制度，要求拥有排污指标的所有单位和个体工商户就持有指标数量、种类等情况进行登记。碳减排指标交易登记就是要求交易双方就碳减排指标交易情况进行登记，所有交易活动都须通过账户进行。如果是柜台交易，也必须进行登记，以便监督管理。

报告制度。按照碳减排指标分解的折算量，每个计划年度所有排放指标持有者都应提交年度报告，报告碳减排指标的变化情况，例如，多少指标用于内部减排，多少指标用于交易，多少指标储存备用等。为防止利用排放权交易洗钱，必须报告与排放权交易有关的受益人及其相关信息。

交易跟踪制度。为全面及时了解排放权的持有、交易等情况，政府有必要建立统一的账户管理系统和信息系统，不但为政府服务，也为企业服务。

储备制度。考虑到与五年规划相衔接以及给企业调整升级的足够时间，2011 至 2020 年可分为两期，以五年为一期分配和发放碳排放权。在每个阶段的碳排放权总量中选择一定比例作为国家储备，用于对碳排放权市场的适当干预，以避免碳市场价格激烈波动，还可以保证碳市场的平稳健康发展。

监管制度。除拥有排放权的企业可以对余缺部分进行交易外，还应对投资银行、经纪人等规定准入条件，使其在规避价格风险、套期保值的同时，也创造投资和赢利机会。应制定一系列的信息披露、报告和核查等制度，加强碳市场运行的监管，保证市场的公正、公平、公开。

4. 不同参与主体及其职责

(1) 中央和地方政府负责发放或拍卖碳排放权。中央和地方应对气候变化主管部门，承担编制碳预算、制定交易规则、实施监督管理和考核等职能，可由国家发改委下的各级气候变化应对部门暂行管理。

建立国家登记机关，为排放权交易参与者开设账户并记录交易活动。登记机关应是具有国家公权力的机关，或国家公权机关授权的机构；在企业自愿交易情况下，可由民间有公信力的机构替代。

国家和地方政府分配的排放权指标，在试验阶段可以免费发放给企业，或将其中的10%拍卖，以后拍卖的比例逐步增加，并以此作为进入碳市场进行排放权交易的基础。

对于项目产生的交易额度，可借鉴CDM交易的做法，由项目开发方编制项目文本，并提供交易量计算、监测和跟踪等项工作，使碳市场基础更加可靠。

建立排放权国家账户，可以将企业(包括央企)的碳排放权分配到地方政府账户上，允许其依据自身实际进行拍卖碳排放权，从而获取收益。

国家主管部门分配并发放的排放权可以在全国碳市场上交易，地方主管部门发放的排放权只能在地方性碳市场中交易；国家制定并实施碳市场的交易和监管规则，保障碳市场的健康快速发展。

(2)可以选择重点耗能企业先行试点。碳排放权交易涉及一系列合约执行和监督，履约成本较高。重点用能企业的实力强、稳定性高，能源审计、人员培训等基础工作好，可以进行碳排放权的交易试点。由于大企业二氧化碳排放所占比重较高，开展碳排放权交易不仅可以推进节能减排工作，对技术创新、产品升级等也有明显的促进作用。

参与排放权交易的企业，必须在每年3月31日前向主管部门提交过去一年排放量报告，内容包括：所有排放源和排放总量、测量方法；备忘项目中填写不能用排放量说明的项目；每个用于温室气体排放的项目或产品的每年平均净值和排放因子必须作为补充资料附在报告后。

(3)由第三方企业进行排放权认可。第三方(能源审计组织、节能中心等)负责监测、汇报和核实，相关交易信息要由交易所向全国的碳交易信息中心报告。可参考上市公司报告制度，对参与碳预算编制和交易的企业，每年报告由第三方机构出具的能源使用、碳排放账户变动和碳预算平衡情况，并向社会公开；政府主管部门负责抽查、监督，对弄虚作假的企业和第三方机构进行处罚。

5. 加强监督管理

加强排放权市场的分类指导。我国现有交易所众多，大致有三类：一是按国务院文件要求成立的交易所，如由中石油资产管理有限公司和天津市政府共同成立的天津排放权交易所；二是由环保部门与产权交易所共同成立的交易所，如北京交易所；三是地方政府批准成立的交易所。由于交易量少，“有场无市”是常态，交易所大都处于亏损状态。因此，应分类指导，鼓励交易所开拓业务，形成适应我国市场特点的交易服务。

加强计量和监测网络等能力建设。碳排放权交易的前提是产权明晰，因此需要运用一定的方法学计算碳排放量或碳减排的测定和核证，为碳市场交易提供公正、科学的数据基础。此外，还应加强碳预算和交易的核实、报告和监督，即使在市场建立初期，也应尽可能规范，以便为以后的交易及管理积累经验。

建立碳排放权交易市场，需要建立激励和约束机制，对先行主体给予一定的激励。如果我国从自愿性碳市场起步，无论是央企还是其他所有制企业，没有激励企业不会有积极性。因此，应出台相关政策，并开展碳金融研究，创新金融衍生品，在吸引更多的资金投入到碳减排领域的同时，也使碳市场得到健康快速发展。完成我国碳减排指标还应与碳税、技术研发、标准以及其他财税政策配套利用，以收到利用市场机制促进节能减排的预期效果。

第三节　政策建议

基于新兴加转轨这一基本国情，我国碳市场建设应分为三个阶段，即分三步走：

第一步为起步阶段，即建立碳排放现货交易市场。这一阶段为碳交易的初级阶段，时间为2008—2013年，期间我国并不承担《京都议定书》中的减排义务。主要工作是，对我国进行碳交易的实质、内容与程序等方面内容进行宣传与引导，国家的环境管理部门对我国年碳排放总量的确定与分配进行论证，对推行碳排放权交易必须具备的条件，包括完善的碳排放总量控制制度、合理的分配排放权、政府对排污权市场交易维持和管理等进行充分研究。在具备碳排放权交易所需条件后，我国政府可以建立初步的碳交易市场，在此阶段以现货交易试点为主，现在天津排放权交易所具有这样的性质。

第二阶段为发展阶段，即现货交易市场(2013 年到 2020 年)。首先建立的是自愿碳交易市场，然后是强制交易市场。《京都议定书》于 2012 年年底到期，“后京都时代”中国在 VER 现货市场将有新的发展。

第三步为完善阶段，即建立碳排放权期货交易市场。在这阶段，以现货交易市场为基础，期货交易方式为主，项目合作为辅，两个市场相互作用，相互促进。可借鉴欧洲气候交易所和芝加哥气候交易所的碳期货合约，并结合实际情况设计出适合中国的标准化碳期货合约。同时建立完善的交易和结算机制，包括碳期货交易所的布局、市场参与主体、价格形成制度、实物交割制度等项工作。 具体到我国“十二五”期间的战略部署，为促进碳市场健康发展，现建议如下：

一、认真总结排污权交易试点中存在的问题，公平分配排放权并逐步完善相关制度

我国已有北京、上海、天津等数量众多的交易所，但大多“有场无市”，处于亏损状态。开展碳市场的深入研究，进行必要的试点，发现已有排放权交易市场、碳交易所在运行过程中存在的问题，分析问题的原因，以便调整相关政策和制度安排，从而为碳市场的建立和发展创造条件。从 2005 年开始在天津滨海新区、江苏南京和浙江绍兴等地开展污染物排放权交易试点工作，至2008 年初已发生 30 多笔二氧化硫交易，取得了一定的成效，为进一步运用总量交易机制实现节能减排提供了丰富的经验。但是，试点过程也暴露出一些急需解决的问题。一是排污权的交易税问题。排污权是一种特殊的商品，开展排污权交易可以使社会

和企业以最小的成本实现节能减排。征收交易税相当于提高排污权价格，从理论上讲，排污权交易量将会下降，从而不利于节能减排。目前我国对这类商品交易是否征税或如何征税尚未有明确规定，各地在排污权交易征税上五花八门，比较混乱。二是排污权从经济欠发达但环境污染相对较轻地区向经济法发达但环境污染较严重地区的流动问题。污染严重地区的企业购得排放权后，有权继续向大气或水中排放污染物，从而加剧当地环境恶化。这实际上涉及不同区域排污权市场之间的衔接问题，目前制度设计在该问题上尚存在缺陷。三是市场监管能力比较弱，特别是监测执法水平需要提高。对这些问题，应该深入研究，进一步完善排放权交易政策体系，从制度、机制和技术上予以解决。从国外经验看，在弄清二氧化碳排放情况的基础上，政府依法进行碳减排指标分解并下达给企业，是碳市场建立的前提。如果没有总量控制约束，企业向大气层排放二氧化碳是免费使用全球性的“公共资源”。只有实行排放总量控制才使得二氧化碳排放权成为稀缺资源，市场才能够成立。在我国“十二五”规划纲要确立了碳减排指标具有约束性的条件下，迫切需要将约束性指标分解并下达给企业，使之成为政府对企业完成减排指标情况的考核依据。

二、提高对排放权价值的认识，加快排放权交易相关行业和业务的发展

提高对排放权交易价值的认识需要自上而下推行，从国家到地方政府，一直到行业及企业和普通公民层面。除相关宣传外，更重要的是有重点、有层次地深入了解和借鉴各国温室气体排放权交易机制，为进一步在中国建立及完善温室气体排放权交易机制进行充分的人才储备、知识储备和能力储备。目前中国在其参与最多的 CDM 项目交易中，尚处于提供廉价资源的状态，处于市场和价值链的低端。这对于中国这样一个减排潜力大国来说，既是一种位置的失衡，又是资源的浪费。因此，积极培养相关方面专家和业务人才，建立中国自己的中介机构或服务行

业，为国内的 CDM 项目提供服务，是促进我国温室气体排放权交易，并更好地参与国际交易的有效手段。

首先是突出“总量限制与交易”(cap-and-trade) 原则在碳交易市场机制中的战略和基础地位。

随着我国市场经济体制的确立和不断完善，已初步具备利用总量交易机制控制碳排放的条件，因此要转变治理思路，摆脱过分依赖行政手段的模式，探索依靠市场配置碳汇资源、促进节能减排的新模式。因此，应改变目前节能减排政策体系以命令—控制为主的现状，向市场机制与命令—控制相互补充、相互协调的政策体系过渡。同时，推进环境有偿使用制度改革，强化环境资源的商品属性，使环境这种特殊资源的稀缺性能够体现于企业的生产成本中，以提高企业治理污染的积极性、主动性，促进企业走上“低投入、低消耗、低污染、高效率”的集约化道路，进而推动经济增长方式实现根本性转变。

其次是积极适应新形势下的减排规则，完善排放核算体系和方法。温室气体排放量和减排量的核算是所有温室气体排放权交易的基础。目前国内的排放核算缺失情况比较严重，要想参与和实施国内外的温室气体排放权交易，对各行业、企业、设备、工艺、装置等的排放清单相关核算应严格科学地进行，并建立相应的监督核查工作机制。

再次是政府和投资者共同努力，尽快进入国际碳市场。政府应鼓励国内机构投资者参与 CDM 市场，加快 CO_2 排放权衍生产品的金融创新、开展碳金融服务；投资者 (主要是机构投资者) 充分利用国内碳市场潜力巨大这一有利条件，开发与 CDM 或 EUA 相关的碳金融工具，投入国内资本市场。

三、开展立法研究，确立碳排放权交易的合法性

建立我国的碳市场，应先解决碳排放权交易的合法性问题。我国《行政许可法》第九条规定，行政许可不能转让；虽然第十二条规定了涉及国家安全、公共安全、特殊行业、生态环境保护以及法律、行政法

规规定可以设定行政许可的事项，换句话说，我国建立碳市场尚没有法律依据。因此，短期可出台排污权交易管理办法；从长期来看，应开展应对气候变化的相关法律研究，在相关立法中规定碳市场的合法性，以使碳市场的建立和运行有法可依。

建立一套完善的碳排放交易体系，不仅是积极履行相应国际义务的需要，而且是以最低成本方式节约资源、全面促进生态环境建设、应对气候变化的重要举措，并且还有利于各级政府和企业了解、认识国际温室气体减排机制，更有效地利用清洁发展机制 (CDM) 合作的规则，引进国外资金与先进技术，提升我国的碳技术水平。欧盟排放交易体系是运用总量交易机制解决环境问题的范例，其成功经验为我国节能减排和环境保护提供了有益启示。

四、制定我国碳排放交易体系发展规划

首先，要制定《应对气候变化法》或《低碳经济法》，明确提出分时段控制温室气体排放的技术和数量标准，确立市场机制在降低碳排放中的地位，保证碳排放交易有法可依，有章可循。其次是构建碳排放交易市场体系。要设立若干碳排放交易所，制定交易规则，并创造相对公平透明的交易环境，加强市场监管，防止不正当竞争，保证碳排放权交易市场的有效运行。其中的关键是要对企业的二氧化碳排放量设立标准。最后，要制定与碳排放交易市场体系相对应的低碳经济发展道路，切实发挥碳排放交易市场对经济结构调整的引导作用。

我国的碳排放交易应分为两类，即国内交易和国际交易。国内交易应建立在总量管制和排放交易的市场机制之上。按照国家规划，对各省设置排放上限，各省再将具体额度按规定下发给企业。如果企业的实际排放量超过该额度，需要到市场上购买其差额的排放许可额度。如果不能或不愿购买减排量来弥补超额排放的指标，就只能选择上缴罚款。国际交易则主要是面向国外购买商交易，开发和提供与芝加哥气候交易所、欧洲排放交易体系等成熟交易所相同的产品，并进行交易。

五、加强碳排放权交易市场的制度建设

在我国，与碳市场类似的市场，如股市、期市等并不少见。由于缺乏相应规则，在市场运行中出现了这样或那样的问题。因此，必须制定一整套的制度或相关规则，以保证我国碳市场的自由、公平交易和总量控制目标的实现。为了促进碳市场的健康发展，需要建立的规章制度有：准入制度、管理制度、信息报告制度、监督制度等。碳市场的参与者众多，包括买卖双方、第三方服务性企业、规则制定者、监管者等，应规范相关主体行为，使我国碳市场的建立开好头，并得到健康、持续发展。碳市场制度建设包括建立碳市场管理机构；建立碳市场研究机构；设立碳排放权交易中心和碳交易所；加强金融创新，服务碳交易市场；开发可再生资源；加强国际交流等。具体而言：

一是从理论上对碳排放权交易的市场行为进行系统的分析、研究。必须在原有对国外排污权交易研究的基础上，加强国际间的碳排放的研究工作，加快碳排放权交易机制的可行性研究，并建立碳排放权交易的试点工作。同时，加强环境科学技术的研究工作，从技术上解决排污总量确定的难题。

二是要完善有关碳排放权交易的法规，将碳排放权交易的进行置于法律的框架下。要建立规范化的碳排放权交易市场就必须有法律保障，在汲取国外经验的同时，必须立足中国国情，根据中国特有和不断变化的立法和司法要求，创立一系列的法律规则，奠定碳排放权交易的法律基础。

三是改变官员政绩考核标准，扭转政府粗放型的发展模式，将经济发展战略与环境的总量控制相结合。发挥国家环保产业导向的作用，使排污企业认识到碳排放权交易的重要性。

四是大力培育碳交易的市场主体。建立环境中介组织或咨询公司，由专业化机构提供信息服务，发展环境事业并规范企业的碳融资行为。

五是加强与碳交易有关的其他配套制度的建设。政府部门应建立相应的激励机制，对积极减少排放、积极出售碳排放权的企业从资金、税

收、技术等方面予以扶持；政府应该鼓励碳排放权作为企业资产进入破产或兼并程序；新增排污企业，一般的碳排放权可以通过市场交易获得。

六、启动碳交易所行业整合

我国类似减排的交易所目前已经超过 20 家，其从事的交易业务同质化非常严重。这些交易所都是在最近几年各地大建交易所的背景下成立的，有些地方政府建立交易所就是为了建设所谓的金融中心。按照发达国家发展碳交易的经验，一个国家不需要有这么多环境交易所，在目前国务院整顿交易所的大背景下，2012 年国家发改委推出 7 家试点，其客观效果将使得未进入这些试点名单的环境交易所面临不确定的未来，未来行业整合和优胜劣汰是大势所趋。国内环境交易所都是建立在自愿减排的基础上，但几年发展下来，碳交易所开展的自愿性碳交易的情况都不理想。中国碳交易所综合力量非常薄弱，仅在北京、天津、上海等地区拥有环境能源交易所，且基本上处于起步阶段，和全球碳市场目前的市值相比，中国交易所的实际成交量很小，并处于各自为战的状态。

设定碳排放限额是实现碳排放权非公共物品化的关键。受国情所限，我国碳排放限额的确定不能采用绝对量，可在经济发展规划框架下确定减排目标，以此为依据，进行配额的分配。假定实际 GDP(剔除通胀因素) 的增速为 8%，将我国降低单位 GDP 碳排放强度 40%—45% 的减排目标折算为每年的碳排放量，那么我国 2010—2020 年每年需要形成约 2.5 亿—7.9 亿吨的减排能力，以此为上限设定减排限额。需要说明的是，我国是在减排总量不变的前提下，设定排放限额，并不会增加额外的减排负担。在总量控制的前提下将减排总量转化为配额目标，只是减排目标在不同地区、行业、企业之间的重新分配，并未增加总体减排压力，也不会影响国家其他节能减排举措的实施。同时，利用碳交易市场建立所形成的减排收益、转让额度所得以及与交易相关的税收，可建立减排专项基金，用于支持节能减排。

参考文献

中文文献

1. 宋维明:《低碳经济与林业发展论》，中国林业出版社 2010 年版。

2. 张坤民、潘家华、崔大鹏:《低碳经济论》，中国环境科学出版社 2008 年版。

3.《中国可持续发展战略报告——2008 年》，科学出版社 2008 年版。

4. 中国人民大学气候变化与低碳经济研究所:《低碳经济——中国用实际行动告诉哥本哈根》，石油工业出版社 2010 年版。

5. 蔡林海:《低碳经济——绿色经济与全球创新竞争大格局》，经济科学出版社 2009 年版。

6. 刘卫东:《我国低碳经济发展框架与科学基础》，商务印书馆 2010 年版。

7. 樊钢:《走向低碳经济——中国与世界：中国经济学家的建议》，中国经济出版社 2010 年版。

8. 张坤民、潘家华、崔大鹏:《低碳发展论》，中国环境科学出版社 2009 年版。

9. 张焕波:《中国、美国和欧盟气候政策分析》，社会科学文献出版社 2010 年版。

10. 白海军:《碳客帝国》，中国友谊出版公司 2010 年版。

11. 柳下再会:《以碳之名，低碳骗局幕后的全球博弈》，中国发展

出版社 2010 年版。

12. 邢继俊、黄栋、赵刚:《低碳经济报告》，中国电子工业出版社 2010 年版。

13. 陶良虎:《中国低碳经济——面向未来的绿色产业》，研究出版社 2010 年版。

14. 蔡林海:《低碳经济大格局》，经济科学出版社 2009 年版。

15. 熊焰:《低碳之路：重新定义世界和我们的生活》，中国经济出版社 2010 年版。

16. 中国城市科学研究会:《中国低碳生态城市发展战略》，中国城市出版社 2007 年版。

17. 唐建荣:《生态经济学》，化学工业出版社 2005 年版。

18. 崔兆杰、张凯:《循环经济理论与方法》，科学出版社 2008 年版。

19. 中国科学院可持续发展战略研究组编:《2009 中国可持续发展战略报告》，科学出版社 2009 年版。

20. 张坤民:《关于中国可持续发展的政策与行动》，中国环境科学出版社 2004 年版。

21. 龚辉文:《促进可持续发展的税收政策研究》，中国税务出版社 2005 年版。

22. 秦大河:《我国气候与环境变化及其影响与对策》，载《理论动态》2006 年第 6 期。

23. 潘家华、郑艳:《基于人际公平的碳排放概念及其理论含义》，《世界经济与政治》2009 年第 10 期。

24. 张焕波、王铮:《气候保护方案模拟：基于多国气候保护宏观动态经济模型》，载《经济科学》2008 年第 6 期。

25. 吴晓青:《关于中国发展低碳经济的若干建议》，载《环境保护》2008 年第 3 期。

26. 王雯雯:《低碳城市建设中的治理与制度分析：以保定市为例》，清华大学公共管理硕士论文，2009 年。

27. 庄贵阳:《低碳经济引领世界经济发展方向》，载《世界经济》

2008年第2期。

28. 张坤民:《低碳世界中的中国：地位、挑战与战略》，载《中国人口资源与环境》2008年第3期。

29. 庄贵阳、朱仙丽、赵行姝:《全球环境与气候治理》，浙江人民出版社2009年版。

30. 魏一鸣:《碳金融与碳市场——方法与实证》，科学出版社2010年版。

31. 郭日生:《碳市场》，科学出版社2010年版。

32. 刘婧:《我国节能与低碳的交易市场机制研究》，复旦大学出版社2010年版。

33. 鄢德春:《中国碳市场建设—融合碳期货和碳基金的行动体系》，经济科学出版社2010年版。

34. 杨永杰:《碳市场研究》，西南交通大学出版社2011年版。

35. 刘舒生、林红:《国外总量控制下的排污交易研究》，载《环境科学研究》1995年第8期。

36. 魏一鸣:《应对气候变化的市场机制：欧盟排放交易体系对我国的启示》，载《科学时报》2009年第3期。

37. 吴健:《排污权交易》，中国人民大学出版社2005年版。

38. 郑爽:《提高我国在国际碳市场竞争力的研究》，载《中国能源》2008年第5期。

39. 吕学都、刘德顺:《清洁发展机制在中国》，清华大学出版社2005年版。

40. 刘伟平:《碳排放权交易在中国的研究进展》，载《林业经济问题》2004年第4期。

41. 庄贵阳:《中国经济低碳发展的途径与潜力分析》，载《太平洋学报》2005年第11期。

42. [美] 托马斯 · 弗里德曼:《世界又热又平又挤》，王玮沁译，湖南科学技术出版社2009年版。

43. 刘兰翠:《世界主要国家应对气候变化政策分析与启示》，载

《中外能源》2009 年第 9 期。

44. 饶蕾、曾聘：《欧盟碳排放交易制度对企业的经济影响分析》，载《环境保护》2008 年第 3 期。

45. 王振：《欧盟国家温室气体排放交易权对我国的启示》，载《企业技术开发》2006 年第 11 期。

46. 张琪赐：《不容忽略的警示：全球气候异常》，载《生态经济》2007 年第 10 期。

47. [日] 佐和隆光：《防止全球变暖》，张帆译，环境科学出版社 1999 年版。

48. 王绍武：《全球气候变暖与未来发展趋势》，载《第四纪研究》1991 年第 3 期。

49. 张绍鹏：《浅谈气候变暖的成因》，载《林业勘察设计》2001 年第 4 期。

50. 庄贵阳：《低碳经济：气候变化背景下中国的发展之路》，中国气象出版社 2007 年版。

51. 任力：《国外发展低碳经济的政策及启示》，载《发展研究》2009 年第 2 期。

52. 姚良军、孙成永：《欧盟的低碳经济发展政策》，载《中国科技产业》2009 年第 6 期。

53. 王文军：《低碳经济：国外的经验启示与中国的发展》，载《西北农林科技大学学报》2009 年第 11 期。

54. 黄栋：《论促进低碳经济发展的政府政策》，载《中国行政管理》2009 年第 5 期。

55. 如明：《发达国家温室气体减排策略》，载《中国科技投资》2006 年第 7 期。

56. 庄贵阳：《低碳经济转型的国际经验与发展趋势》，中国社会科学文献出版社 2008 年版。

57. 罗勇：《气候变化科学评估的最新进展》，中国社会科学文献出版社 2009 年版。

58. 任奔、凌芳:《国际低碳经济发展经验与启示》，载《上海节能》2009 年第 4 期。

59. 姜克隽:《中国 2050 年低碳情景和低碳发展之路》，载《中外能源》2009 年第 6 期。

60. 龚建:《低碳经济：中国的现实选择》，载《江西社会科学》2009 年第 2 期。

61. 辛章平、张银太:《低碳经济与低碳城市》，载《发展战略》2008 年第 4 期。

62. [日] 山本良一:《2 度改变世界》，王天民译，科学出版社 2008 年版。

63. 李建:《中国步入低碳经济时代：探索中国特色低碳之路》，载《广东社会科学》2009 年第 6 期。

64. 刘青:《低碳经济与绿色金融发展》，载《今日财富》2009 年第 7 期。

65. 刘小萌:《低碳经济：未来四十年的发展方向》，载《中国证券报》2009 年 12 月 5 日。

66. 中国国家发展和改革委员会:《中国应对气候变化国家方案》，2007 年。

67. 中国国家发展和改革委员会:《中国应对气候变化的政策与行动: 2009 年度报告》，2009 年。

68. 中国气象局国家气候中心:《气候变化：人类面临的挑战》，气象出版社 2007 年版。

69. 魏一鸣:《中国能源报告：碳排放研究》，科学出版社 2008 年版。

70. 江泽民:《对中国能源问题的思考》，载《上海交通大学学报》2008 年第 2 期。

71. 顾阳:《一些国家和地区发展低碳经济的做法》，载《经济日报》2009 年 3 月 25 日。

72. 中国人民大学气候变化与低碳经济研究所:《低碳经济：中国用行动告诉哥本哈根》，石油工业出版社 2009 年版。

73. 陈文颖:《全球未来碳排放权“两个趋同”的分配方法》，载《清华大学学报》2005 年第 6 期。

74. 国家统计局:《中国统计年鉴》，中国统计出版社 2008 年版。

75. 国务院发展研究中心课题组:《全球温室气体减排：一个理论框架和解决方法》，载《经济研究》2009 年第 3 期。

76. 田春秀:《中国 CDM 项目实施技术转让的政策研究》，载《环境保护》2008 年第 11 期。

77. 杨洁勉:《世界气候外交和中国的应对》，时事出版社 2009 年版。

78. 联合国:《联合国气候变化框架公约》，1992 年。

79. 联合国:《联合国气候变化框架公约京都议定书》，1998 年。

80. 杨扬:《后京都时代应对气候变化的国际合作》，载《法制与社会》2010 第 7 期。

81. 王利:《后〈京都议定书〉时代的前景探析》，载《武汉科技大学学报》(社会科学版)2009 年第 3 期。

82. [美] 戈尔:《难以忽视的真相》(An Inconvenient Truth)，环保志愿者译，湖南科学技术出版社 2007 年版。

83. 郑爽:《巴厘路线图》，载《中国能源》2008 年第 2 期。

84. 庄贵阳:《气候变化挑战与中国经济低碳发展》，载《国际经济评论》2007 年第 9 期。

85. 庄贵阳:《欧盟温室气体排放贸易机制及其对中国的启示》，载《欧洲研究》2006 年第 3 期。

86. 庄贵阳:《低碳经济引领世界经济发展方向》，载《世界环境》2008 年第 2 期。

87. 郑爽:《全球碳市场动态》，载《气候变化研究进展》2006 年第 6 期。

88. 郑爽:《CDM 项目的风险与控制》，载《中国能源》2006 年第 3 期。

89. 张颖、王勇:《我国排污权初始分配的研究》，载《生态经济》2005 年第 8 期。

90. 任力:《国外发展低碳经济的政策及启示》，载《发展研究》

2009 年第 2 期。

91. 潘家华:《人文发展权限与发展中国家的基本碳排放需求》载《中国社会科学》2002 年第 6 期。

92. 马中:《论总量控制与排污权交易》,载《中国环境科学》2002 年第 1 期。

93. 刘伟平:《碳排放权交易在中国的研究进展》,载《林业经济问题》2004 年第 4 期。

94. 刘华、李亚:《欧盟碳交易机制的实践》,载《银行家》2007 年第 7 期。

95. 蔺雪春:《全球环境治理机制与中国的参与》,载《国际论坛》2006 年第 2 期。

96. 李挚平:《京都议定书与温室气体排放交易制度》,载《环境保护》2004 年第 2 期。

97. 姬振海:《低碳经济与清洁发展机制》,载《中国环境管理干部学院学报》2008 年第 6 期。

89. 胡秀峰:《关于我国建立清洁发展机制项目运行管理机制的几点建议》,载《中国能源》2001 年第 8 期。

99. 胡鞍钢:《“绿猫”模式的新内涵——低碳经济》,载《世界环境》2008 年第 2 期。

100. 高鹏飞:《碳税与碳排放》,载《清华大学学报》(自然科学版) 2002 年第 2 期。

101. 陈程:《浅论京都议定书下的碳排放权交易》,载《法制与社会》2007 年第 1 期。

102. 陈迎、庄贵阳:《碳排放权分配与碳排放交易》,载《清华大学学报》(自然科学版)1998 年第 12 期。

103. 丁一汇、孙颖:《国际气候变化研究新进展》,载《气候变化研究进展》2006 年第 4 期。

104. 陈德湖:《排污权交易理论及其研究综述》,载《外国经济与管理》2004 年第 5 期。

105. 管清友:《碳交易结算货币:理论、实践与选择》,载《当代亚太》2009 年第 3 期。

106. 国家发展和改革委员会、国家环境保护局:《国家酸雨和二氧化硫污染防治“十一”五规划》,2008 年。

107. 韩利林:《中国实施排污权交易制度的若干法律问题思考》,载《中国环境管理》2002 年第 2 期。

108. 李周:《排污权界定、交易和环境保护》,载《生态经济》1996 年第 3 期。

109. 潘家华:《减缓气候变化的经济与政治影响及其地区差异》,载《世界经济与政治》2003 年第 3 期。

110. 潘家华:《气候变化 20 国集团领导人会议模式与发展中国家的参与》,载《世界经济与政治》2005 年第 4 期。

111. 邵峰:《国际气候谈判中的国家利益与中国方略》,载《国际问题研究》2005 年第 2 期。

112. [美] 达拉斯:《低碳经济的 24 堂课》,王瑶译,电子工业出版社 2010 年版。

113. [美] 莱斯特、布朗:《建设一个可持续发展的社会》,李平译,科学技术文献出版社 1984 年版。

114. [美] 梅多斯:《增长的极限》,李涛、王智勇译,吉林人民出版社 1984 年版。

115. 世界环境与发展委员会:《我们共同的未来》,国家环保局外事办译,商务印书馆 1997 年版。

116. [美] 迈克尔豪利特、M 拉米什:《公共政策研究》,刘叶婷译,三联书店 2006 年版。

117. 政府间气候变化专门委员会 (IPCC) 第四次报告,2007 年。

118. [英] 罗斯格尔布 · 斯潘:《炎热的地球:气候危机,掩盖真相还是寻求对策》,张真等译,上海译文出版社 2009 年版。

119. [英] 迈克尔 · 阿拉贝:《气候变化》(A Change in the Weather),马晶译,上海科学技术文献出版社 2006 年版。

英文文献

120. Aldy, J. and Stavins R. *Designing the Post-Kyoto Climate Regime: Lessons from the Harvard Project on International Climate Agreements.* Cambridge , MA, Harvard Kennedy School, Harvard University, 2008.

121. Wang, T. and Watson J.*Carbon Emissions Scenarios for China to 2100,*SPRU, University of Sussex, Sussex Energy Group and Tyndall Centre, UK, 2008.

122. Victor, D.*Climate Accession Deals: New Strategies for Taming Growth of Greenhouse Gases in Developing Countries.* The Harvard Project on International Climate Agreements, Discussion Paper 08-18, John Kennedy School of Government, Harvard University, 2008.

123. Stern N. *Review on the Economics of Climate Change.* Cambridge: Cambridge University Press, 2007.

124. Ambrosi, P.*Sustainable Development Operations*, Development Economics Research Group, World Bank, 2007, 2008.

125. Blanford, G. Richels, R. et al.*Revised Carbon Dioxide Growth Projections for China: Why Post-Kyoto Climate Policy Must Look East.* Discussion Paper of the Harvard Project on International Climate Agreement. Cambridge, John F. Kennedy School of Government, Harvard University, 2008.

126. International Centre for Trade and Sustainable Development, *Climate Change , Technology Transfer and Intellectual Property Rights*, 2009.

127. Hansen, J. Sato, M., et al.*Target Atmospheric Carbon Dioxide: Where Should We Aim?* 2009.

128. Copeland, B. R. and Taylor M. S., “North-South Trade and the Environment” . *Quarterly Journal of Economics*, 2004(Vol.5).

129. Arndt, Sven and Kierzkowski H.*Fragmentation*, Oxford University

Press,2001.

130. International Energy Agency(IEA). *World Energy Outlook 2007.* International Energy Agency, Paris, 2007.

131. Makower, J., Pernick, R., et al.*Clean Energy Trends, 2007, 2008, 2009.*

132. Aldy,J.*Testimony at U.S.-China Economic and Security Review Commission's Hearing on China's Energy Policies and Environmental Impact*, 2008.

133. Schmidt, J., Helme, N., et al. "Sector-Based Approach to the Post-2012 Climate Change Policy Architecture" , *Climate Policy*, 2008.

134. Capoor, K. and Ambrosi P. *State and Trends of the Carbon Market*, World Bank, 2007, 2008.

135. Houghton.J.T,Ding Y,Griggs D.J, *et al. Climate Change 2001*: *The Scientific Basis.* Cambridge: Cambridge University Press, 2001.

136. Michael G., Duncan B.*The Kyoto Protocol*: *A Guide and Assessment.* UK: Royal Institute of International Affairs and Earthscan Publications Ltd, 1999.

137. OECD. *Implementation Stratigies for Environmental Taxes.* Paris: OECD, 1996.

138. Stern N. *Review on the Economics of Climate Change.* Cambridge: Cambridge University Press, 2007.

139. Alan S. M., Richard G. R. "International Trade in Carbon Emission Rights: A Decomposition Procedure" . *The American Economic Review*, 2009(2): 135-139.

140. Ang B W, Zhang F.Q. "A Survey of Index Decomposition Analysis in Energy and Environmental Studies". *Energy*, 2000(25): 1149-1176.

141. Edwards T.H.,Hutton J.P. "Allocation of Carbon Permits Within A Country: A General Equilibrium Analysis of the United Kingdom" . *Energy Economics*, 2001(23): 371-186.

142. A.C.Pigou. “Some Aspects of Welfare Economics”. *The American Economic Review*, 1951.

143. Alan Manne, Richard Richels.*US*. “Rejection of the Kyoto Protocol: The Impact on Compliance Costs and CO_2 Emissions”. *Energy Policy*. 2004.

144. Alexandre Kossoy, Philippe Ambrosi. *State and Trends of the Carbon Market 2010.*World Bank. 2010.

145. Atle C. Christiansen. “The EU as a Frontrunner on Greenhouse Gas Emissions Trading: How Did It Happen and Will the EU Succeed?”. *Climate Policy*. 2003.

146. Bruce P.Chadwick. “Transaction Costs and the Clean Development Mechanism” . *Natural Resources Forum*, 2006.

147. Carlen. “Market Power in International Carbon Emissions Trading: A Laboratory”. *The Energy Journal*, 2003.

后 记

在本书写作过程中，作者引用了国内外同行的很多观点，没有他们的这些理论研究成果本书是难以完成的，对此表示真诚的谢意！作者尽可能将文中所引资料在脚注和参考文献中列出，有些观点的出处确实难以准确标明，更有一些可能被遗漏，请同行见谅！

由于作者的知识修养、科研能力和学术视野有限，加之我国碳交易市场初建过程中许多理论和实践问题尚处于探索之中，本书难免存在不足甚至错误之处，恳请同行和广大读者提出宝贵意见，以便改正和提高。

最后，还要感谢中央编译出版社的领导和责编对本书的顺利出版所给予的支持和付出的辛苦！

张 宁

2013 年 6 月 29 日